Koorosh Tookallo
Javad Heidarian

Fluido de perfuração

Koorosh Tookallo
Javad Heidarian

Fluido de perfuração

Fluido de perfuração nano

ScienciaScripts

Cover image: www.ingimage.com

This book is a translation from the original published under ISBN 978-620-2-31210-3.

Publisher:
Sciencia Scripts
is a trademark of
Dodo Books Indian Ocean Ltd. and OmniScriptum S.R.L publishing group

120 High Road, East Finchley, London, N2 9ED, United Kingdom
Str. Armeneasca 28/1, office 1, Chisinau MD-2012, Republic of Moldova, Europe
Managing Directors: Ieva Konstantinova, Victoria Ursu
info@omniscriptum.com

Printed at: see last page
ISBN: 978-620-8-40601-1

Análise dos efeitos dos nanotubos de carbono de paredes múltiplas (MWCNT) e do polietilenoglicol (PEG) no desempenho da lama de base aquosa (WBM) na formação de xisto

Koorosh Tookallo[1] *, Javad Heydarian[2]

[1] Department of Petroleum Engineering, Faculty of Engineering, Islamic Azad University-Central Tehran Branch, Teerão, Irão;
*Autor correspondente Email: koorosh2kalloo@yahoo.com

[2] Instituto de Investigação da Indústria Petrolífera (RIPI) Teerão Irão heidarianj@yahoocom

Conteúdo

Resumo

Devido à importância e às propriedades interessantes dos nanotubos de carbono de paredes múltiplas (MWCNT), no presente estudo é avaliada a viabilidade destes materiais na lama de base aquosa (WBM). Os efeitos dos aditivos da lama, da água local e das fases adicionais da bentonite e dos tensioactivos nas propriedades reológicas, na perda de água e na estabilidade da lama de base aquosa na ausência de nanotubos de carbono de paredes múltiplas foram investigados experimentalmente. Em seguida, a mesma experiência foi efectuada na presença de nanotubos de carbono de paredes múltiplas para determinar a eficiência e o impacto das nanopartículas (NPs) nas propriedades da lama de base aquosa. Os resultados demonstraram que os aditivos, a água local, as dimensões dos nanotubos de carbono de paredes múltiplas, a fase de adição da bentonite e os tensioactivos influenciaram as propriedades reológicas da lama de base aquosa. Quando se adicionam nanotubos de carbono de paredes múltiplas e polietilenoglicol, isoladamente ou em conjunto, o desempenho em termos de propriedades reológicas diminui pela ordem seguinte: CNT; CNT + PEG; PEG. Os nanotubos de carbono de paredes múltiplas melhoram a integridade do xisto e aumentam a recuperação do xisto. Em geral, a presença de nanotubos de carbono de paredes múltiplas aumenta a eficiência dos polímeros e as propriedades reológicas da lama de base aquosa e, eventualmente, a estabilidade do xisto será alcançada.

Palavras-chave: Lama de base aquosa (WBM); Propriedades reológicas; Nanopartículas; Nanotubos de carbono de paredes múltiplas; Polietilenoglicol; Estabilidade do xisto

Capítulo 1

1. conceito geral

Os hidrocarbonetos encontram-se em formações subterrâneas. A produção desses hidrocarbonetos é geralmente efectuada através da utilização da tecnologia de perfuração rotativa, que requer a perfuração, a conclusão e a exploração de poços que penetram em formações produtoras.

Para facilitar a perfuração de um poço, o fluido circula através da coluna de perfuração, para fora da broca e para cima numa área anular entre a coluna de perfuração e a parede do furo. A Figura 1 mostra a circulação do fluido de perfuração durante a operação de perfuração.

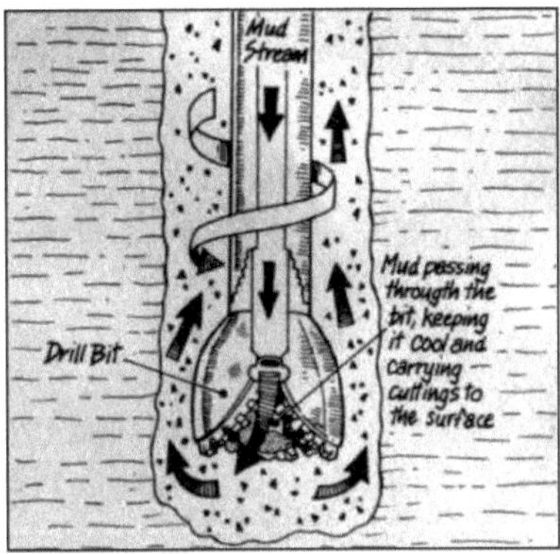

Figura 1 circulação do fluido de perfuração durante a operação de perfuração

As utilizações comuns dos fluidos de perfuração incluem: lubrificação e arrefecimento das superfícies de corte da broca durante a perfuração em geral ou durante a perfuração (i.e, perfuração de uma formação petrolífera específica), transporte de "cuttings" (pedaços de formação desalojados pela ação de corte dos dentes de uma broca) para a superfície, controlo da pressão do fluido de formação para evitar rebentamentos, manutenção da estabilidade do poço, suspensão de sólidos no poço, minimização da perda de fluido e estabilização da formação através da qual o poço está a ser perfurado, fraturar a formação na vizinhança do poço, deslocar o fluido dentro do poço com outro fluido, limpar o poço, testar o poço, transmitir potência hidráulica à broca, fluido utilizado para colocar um empacotador, abandonar o poço ou preparar o poço para abandono, e tratar de outra forma o poço ou a formação.

Tipos de fluido de perfuração

Os dois tipos mais comuns de fluidos de perfuração utilizados são as lamas à base de água e as lamas à base de óleo. As lamas à base de água (WBM) são os fluidos de perfuração em que a fase contínua do sistema é a água (água salgada ou água doce) e as lamas à base de óleo (OBM) são aquelas em que a fase contínua é o óleo. As WBM são as lamas mais utilizadas em todo o mundo. No entanto, os fluidos de perfuração podem ser classificados em termos gerais como líquidos ou gasosos. Embora sejam utilizados gases puros ou misturas gás-líquido, não são tão comuns como os sistemas de base líquida. A utilização de ar como fluido de perfuração está limitada a áreas onde as formações são competentes e impermeáveis. As vantagens de perfurar com ar no sistema de circulação são: taxas de penetração mais elevadas; melhor limpeza do furo; e menos danos na formação. No entanto, existem também duas desvantagens importantes: o ar não pode suportar os lados do furo e o ar não pode exercer pressão suficiente para evitar que os fluidos da formação entrem no furo. As misturas gás-líquido (espuma) são mais frequentemente utilizadas quando as pressões da formação são tão baixas que ocorrem perdas maciças mesmo quando se utiliza água como fluido de perfuração. Isto pode ocorrer em campos maduros onde o esgotamento dos fluidos do reservatório resultou numa baixa pressão dos poros.

As lamas de base aquosa são relativamente baratas devido à disponibilidade do fluido a partir do qual são produzidas, a água. As lamas de base aquosa são constituídas por uma mistura de sólidos, líquidos e produtos químicos. Alguns sólidos (argilas) reagem com a água e os produtos químicos na lama e são chamados sólidos activos. A atividade destes sólidos deve ser controlada para que a lama funcione corretamente. Os sólidos que não reagem na lama são chamados sólidos inactivos ou inertes (por exemplo, a barita). Os outros sólidos inactivos são gerados pelo processo de perfuração. A água doce é utilizada como base para a maioria destas lamas, mas nas operações de perfuração offshore a água salgada está mais facilmente disponível.

A composição típica de uma lama à base de água é:

- Argilas (sólidos activos) 5%
- Areia, calcário (sólidos inactivos de baixa densidade) 5%.
- Barite (Sólido de alta densidade inativo) 10%
- Água (doce ou salgada) 80%

A principal desvantagem da utilização de lamas à base de água é o facto de a água contida nestas lamas causar instabilidade nos xistos. O xisto é composto principalmente por argilas e a instabilidade é em grande parte causada pela hidratação das argilas por lamas que contêm água. Os xistos são os tipos de rocha mais comuns encontrados durante a perfuração de petróleo e gás e dão origem a mais problemas por metro perfurado do que qualquer outro tipo de formação. As estimativas dos custos não produtivos a nível mundial associados a problemas de xisto são estimados em 500 a 1000 milhões de dólares por ano. Além disso, a qualidade inferior do poço frequentemente encontrada nos xistos pode dificultar ou impossibilitar as operações de registo e de completação.

Formação de xisto

O xisto é uma rocha sedimentar de grão fino que se forma a partir da compactação de partículas minerais do tamanho de silte e argila. Esta composição coloca o xisto numa categoria de rochas sedimentares conhecidas como "mudstones". O xisto distingue-se dos outros mudstones por ser fissurado e laminado. "Laminado" significa que a rocha é composta por muitas camadas finas. "Fissil" significa que a rocha se divide facilmente em pedaços finos ao longo das laminações.

Alguns xistos têm propriedades especiais que os tornam recursos importantes. Os xistos negros contêm material orgânico que, por vezes, se decompõe para formar gás natural ou petróleo. Outros xistos podem ser esmagados e misturados com água para produzir argilas que podem ser transformadas numa variedade de objectos úteis.

Os xistos orgânicos negros são a rocha de origem de muitos dos depósitos de petróleo e gás natural mais importantes do mundo. Estes xistos obtêm a sua cor preta a partir de pequenas partículas de matéria orgânica que foram depositadas com a lama a partir da qual o xisto se formou. À medida que a lama foi enterrada e aquecida na terra, parte da matéria orgânica foi transformada em petróleo e gás natural.

O petróleo e o gás natural migraram para fora do xisto e para cima através da massa sedimentar devido à sua baixa densidade. O petróleo e o gás ficaram frequentemente retidos nos espaços porosos de uma unidade rochosa sobrejacente, como um arenito (ver ilustração). Estes tipos de depósitos de petróleo e gás são conhecidos como "reservatórios convencionais" porque os fluidos podem fluir facilmente através dos poros da rocha até ao poço de extração.

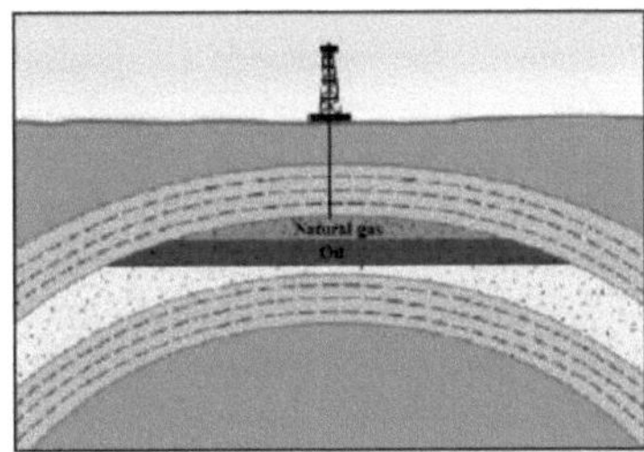

Figura 2 Reservatório convencional de petróleo e gás natural

A Figura 2 mostra o Reservatório Convencional de Petróleo e Gás Natural. Este desenho ilustra uma "armadilha anticlinal" que contém petróleo e gás natural. As unidades rochosas cinzentas são xistos impermeáveis. O petróleo e o gás natural formam-se dentro destas unidades de xisto e depois migram para cima. Parte do petróleo e do gás fica presa no arenito amarelo, formando um reservatório de petróleo e gás. Este é um reservatório "convencional" - o que significa que o petróleo e o gás podem fluir através do espaço poroso do arenito e ser produzidos a partir do poço.

Embora a perfuração possa extrair grandes quantidades de petróleo e gás natural da rocha reservatório, grande parte permanece presa no xisto. Este petróleo e gás é muito difícil de remover porque está preso em pequenos espaços porosos ou adsorvido em partículas minerais de argila que constituem o xisto.

Composição do xisto

O xisto é uma rocha composta principalmente por grãos minerais de tamanho argiloso. Estes pequenos grãos são normalmente minerais argilosos, como a ilite, a caulinite e a esmectite. O xisto contém normalmente outras partículas de minerais argilosos, como o quartzo, o chert e o feldspato. Outros constituintes podem incluir partículas orgânicas, minerais de carbonato, minerais de óxido de ferro, minerais de sulfureto e grãos de minerais pesados. Estes "outros constituintes" da rocha são muitas vezes determinados pelo ambiente de deposição do xisto e determinam frequentemente a cor da rocha.
Ao longo dos anos, têm sido procuradas formas de limitar (ou inibir) a interação entre as balas e as formações sensíveis à água, como a formação de xisto. Assim, por exemplo, no final da década de 1960, estudos sobre as reacções lama xisto resultaram na introdução de uma WBM que combina cloreto de potássio (KCl) com um polímero chamado poliacrilamida parcialmente hidrolisada - lama KCI-PHPA. O PHPA ajuda a estabilizar o xisto, revestindo-o com uma camada protetora de polímero.

A introdução da lama KCI-PHPA reduziu a frequência e a gravidade dos problemas de instabilidade do xisto, de modo que os poços desviados em formações altamente reactivas à água puderam ser perfurados, embora ainda a um custo elevado e com dificuldades consideráveis. Desde então, tem havido inúmeras variações sobre este tema, bem como outros tipos de WBM com o objetivo de inibir o xisto.

Na década de 1970, a indústria voltou-se cada vez mais para as lamas à base de óleo, OBM, como forma de controlar os xistos reactivos. As lamas à base de óleo têm uma composição semelhante à das lamas à base de água, exceto que a fase contínua é o óleo. Nas lamas de emulsão de óleo invertido (IOEM), a água pode constituir uma grande percentagem do volume, mas o óleo continua a ser a fase contínua. (A água está dispersa pelo sistema sob a forma de gotículas).

A composição típica de uma lama à base de óleo é:

- argilas, areias 5%
- sal 5%
- barita 10%
- água 30%
- óleo 50%

Os OBM's não contêm água livre que possa reagir com as argilas do xisto. As OBM não só proporcionam uma excelente estabilidade do poço, como também uma boa lubrificação, estabilidade de temperatura, um risco reduzido de aderência diferencial e um baixo potencial de danos na formação. As lamas à base de óleo resultam, portanto, em menos problemas de perfuração e causam menos danos à formação do que as lamas WBM, pelo que são muito populares em determinadas áreas. No entanto, as lamas petrolíferas são mais caras e requerem um manuseamento mais cuidadoso (controlo da poluição) do que as lamas WBM. As lamas totalmente em óleo têm um teor de água muito baixo (<5%), enquanto as lamas de emulsão de óleo invertido (IOEM· s) podem ter entre 5% e 50% de teor de água.

A utilização de OBM teria provavelmente continuado a expandir-se durante o final da década de 1980 e a década de 1990, se não fosse a constatação de que, mesmo com o petróleo de base mineral de baixa toxicidade, a eliminação de aparas de perfuração contaminadas por OBM pode ter um impacto ambiental duradouro. Em muitas áreas, esta consciencialização levou à adoção de legislação que proíbe ou limita a descarga destes resíduos. Este facto, por sua vez, estimulou uma intensa atividade para encontrar alternativas aceitáveis do ponto de vista ambiental e impulsionou a investigação sobre os resíduos de perfuração.

Para desenvolver lamas alternativas não tóxicas que correspondam ao desempenho do OBM é necessário compreender as reacções que ocorrem entre sistemas de lamas complexos, muitas vezes mal caracterizados, e formações de xisto igualmente complexas e altamente variáveis.

Nos últimos anos, o óleo de base das OBMs foi substituído por fluidos sintéticos, tais como ésteres e éteres. As lamas à base de óleo contêm alguma água, mas esta água está numa forma descontínua e é distribuída como entidades discretas ao longo da fase contínua. Por conseguinte, a água não é livre de reagir com as argilas do xisto ou das formações produtivas.

A seleção do tipo de fluido de perfuração a utilizar numa aplicação de perfuração envolve um equilíbrio cuidadoso entre as caraterísticas boas e más dos fluidos de perfuração na aplicação específica e o tipo de poço a perfurar.

No entanto, historicamente, os fluidos de perfuração de poços de base aquosa têm sido utilizados para perfurar a maioria dos poços. O seu custo mais baixo e a sua melhor aceitação ambiental, em comparação com os fluidos de perfuração à base de petróleo, continuam a fazer deles a primeira opção nas operações de perfuração. Frequentemente, a seleção de um fluido pode depender do tipo de formação através da qual o poço está a ser perfurado.

Os tipos de formações subterrâneas intersectadas por um poço podem normalmente incluir formações com minerais argilosos como constituintes principais, tais como xistos, lamas, siltitos e pedras argilosas. Estas formações têm normalmente de ser penetradas antes de se atingirem as zonas portadoras de hidrocarbonetos. O xisto é o tipo de rocha mais comum, e certamente o mais problemático, que tem de ser perfurado para atingir os depósitos de petróleo e gás. A caraterística que torna os xistos mais problemáticos para os perfuradores é a sua sensibilidade à água, devido em parte ao seu teor de argila e à composição iónica da argila. Os xistos são também problemáticos porque têm uma permeabilidade muito baixa (nano-Darcy) com gargantas de poros muito pequenas (nanométricas) que não são eficazmente seladas pelos sólidos dos fluidos de perfuração convencionais.

Ao penetrar através de tais formações, são frequentemente encontrados muitos problemas, incluindo o embolamento da broca, o inchaço ou o desprendimento do poço, o encravamento da tubagem e a dispersão dos detritos perfurados. Isto pode ser particularmente verdade quando se perfura com um fluido de perfuração à base de água, devido à tendência da argila para se tornar instável em contacto com a água, o que pode resultar em enormes perdas de tempo de operação e aumentos nos custos de operação. Quando seca, a argila tem muito pouca água para se unir, sendo assim um sólido friável e quebradiço. Inversamente, numa zona húmida, o material é essencialmente líquido com muito pouca resistência inerente e pode ser lavado. No entanto, a meio destas zonas, o xisto é um sólido plástico pegajoso com propriedades de aglomeração e resistência inerente muito superiores.

A tendência instável dos xistos sensíveis à água pode estar relacionada com a adsorção de água e a hidratação das argilas. Quando um fluido de poço à base de água entra em contacto com os xistos, a adsorção de água ocorre imediatamente. Isto pode fazer com que as argilas se hidratem e inchem, o que pode resultar em stress e/ou aumentos de volume. Os aumentos de tensão podem induzir falhas frágeis ou de tração nas formações, conduzindo a desmoronamentos, desmoronamentos de brocas e tubos presos. Os aumentos de volume, por outro lado, podem reduzir a resistência mecânica dos xistos e provocar o inchaço do poço, a desintegração dos detritos no fluido de perfuração e o esmagamento das ferramentas de perfuração. O esferificação da broca reduz a eficiência do processo de perfuração porque a coluna de perfuração acaba por ficar bloqueada. Isto faz com que o equipamento de perfuração derrape no fundo do furo, impedindo-o de penetrar na rocha não cortada, diminuindo assim a velocidade de penetração. Além disso, o aumento global do volume a granel que acompanha o inchaço da argila afecta a estabilidade do furo e impede a remoção dos detritos por baixo da broca, aumenta a fricção entre a broca e os lados do furo e inibe a formação da fina torta de filtro que sela as formações. O tempo de inatividade associado à imersão da broca ou ao seu desarme pode ser muito dispendioso, pelo que não é desejável. Normalmente, são utilizados meios químicos (ou seja, manter um equilíbrio osmótico positivo para um fluido de perfuração de emulsão invertida, ou assegurar a manutenção do tipo correto e concentração(ões) suficiente(s) de inibidor para fluidos de perfuração à base de água) para minimizar qualquer interação entre o fluido de perfuração e os xistos. No entanto, a melhor forma de minimizar estes problemas de perfuração é evitar a adsorção de água e a hidratação da argila, e acredita-se que os fluidos de perfuração à base de petróleo são os mais eficazes para este fim.

A ação inibidora dos fluidos de perfuração à base de petróleo resulta da emulsificação da salmoura no petróleo, que actua como uma barreira semi-permeável que separa materialmente as moléculas de água do contacto direto com os xistos sensíveis à água. No entanto, as moléculas de água podem fluir através desta barreira semi-permeável quando a atividade da água do fluido de perfuração à base de óleo difere da atividade da água da formação de xisto. Para evitar que as moléculas de água sejam osmoticamente atraídas para as formações de xisto, a atividade da água do fluido de perfuração à base de petróleo é normalmente ajustada para um nível igual ou inferior ao dos xistos. Devido ao seu impacto negativo no ambiente, os fluidos à base de petróleo estão sujeitos a restrições mais rigorosas na sua utilização e, muitas vezes, têm de ser utilizados fluidos de perfuração à base de água. Assim, é necessário melhorar as propriedades inibidoras dos fluidos de perfuração à base de água para que a adsorção de água e a hidratação das argilas possam ser controladas e/ou minimizadas.

O tratamento de fluidos de perfuração à base de água com produtos químicos inorgânicos e aditivos poliméricos é uma técnica comum utilizada para reduzir a hidratação dos xistos. No entanto, as concentrações elevadas de catiões inorgânicos, aditivos poliméricos, glicóis e compostos semelhantes não só aumentam o custo do fluido do poço, como também podem causar problemas graves no controlo das propriedades da lama e na suspensão de agentes de ponderação, especialmente em pesos elevados da lama e em teores elevados de sólidos. Mais uma vez, isto pode estar relacionado com a falta de água, que ajuda muitos aditivos de lama a solubilizarem-se e a funcionarem corretamente. Por conseguinte, para reduzir os custos e, sobretudo, para minimizar estes efeitos secundários indesejáveis, a concentração destes aditivos deve ser reduzida ao mínimo.

Assim, dada a frequência com que o xisto é encontrado na perfuração de poços subterrâneos, existe uma necessidade contínua de métodos de perfuração que utilizem fluidos de perfuração que reduzam os potenciais problemas encontrados ao perfurar através de xistos, tais como a dispersão de xistos, a acreção e aglomeração de detritos, a acumulação de detritos, o embolamento da broca e a limpeza do furo.

Nanopartículas e nanotubos de carbono

As nanopartículas são partículas de dimensão entre 1 e 100 nanómetros (nm) com uma camada interfacial envolvente.

Um nanotubo de carbono (CNT) é um material em forma de tubo, feito de carbono, com um diâmetro à escala nanométrica. Esta estrutura incrível tem uma série de propriedades electrónicas, magnéticas e mecânicas fascinantes. Os CNT são pelo menos 100 vezes mais fortes do que o aço, mas têm apenas um sexto do peso, pelo que as fibras de nanotubos podem reforçar praticamente qualquer material. Os nanotubos podem conduzir o calor e a eletricidade muito melhor do que o cobre. Os CNT já estão a ser utilizados em polímeros para controlar ou melhorar a condutividade e são adicionados a embalagens anti-estáticas. Os nanotubos de carbono têm muitas estruturas, que diferem em comprimento, espessura e número de camadas. As caraterísticas dos nanotubos podem ser diferentes, dependendo da forma como a folha de grafeno se enrolou para formar o tubo, fazendo com que este actue como um metal ou como um semicondutor. A camada de grafite que constitui o nanotubo assemelha-se a uma rede de arame enrolada, com uma malha hexagonal contínua e ininterrupta e moléculas de carbono nos vértices dos hexágonos. Existem muitos tipos diferentes de nanotubos de carbono, mas são normalmente classificados como nanotubos de parede simples (SWNT) ou nanotubos de parede múltipla (MWNT). Um nanotubo de carbono de parede simples é como uma palhinha normal. Tem apenas uma camada, ou parede. Os nanotubos de carbono de paredes múltiplas são uma coleção de tubos aninhados de diâmetros continuamente crescentes. Podem variar entre um tubo exterior e um interior (um nanotubo de parede dupla) e até 100 tubos (paredes) ou mais. Cada tubo é mantido a uma certa distância de qualquer um dos tubos vizinhos por forças interatómicas. A Figura 3 mostra os diferentes tipos de nanotubos de carbono.

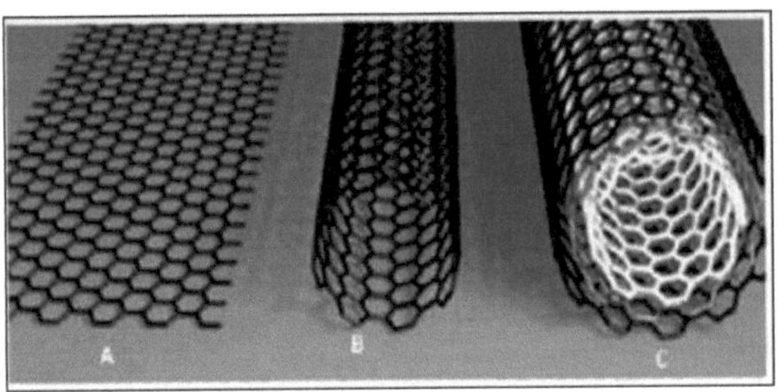

Figura 3 (A) Folha de grafeno (B) Nanotubo de carbono de parede simples (C) Nanotubos de carbono de parede múltipla

Instabilidade do poço

O fluido de perfuração em engenharia petrolífera é uma mistura de fluidos pesados e viscosos que é utilizada nas operações de perfuração de petróleo e gás para transportar as aparas de rocha para a superfície e também para lubrificar e arrefecer a broca. A lama de perfuração, através da pressão hidrostática, também ajuda a evitar o colapso de estratos instáveis no furo e a intrusão de água de estratos que possam ser encontrados. Uma lama de perfuração típica à base de água contém uma argila, normalmente bentonite, para lhe dar viscosidade suficiente para transportar as aparas de corte para a superfície, bem como um mineral como a barite (sulfato de bário) para aumentar o peso da coluna o suficiente para estabilizar o furo. Podem ser adicionadas quantidades menores de centenas de outros ingredientes, como a soda cáustica (hidróxido de sódio) para aumentar a alcalinidade e diminuir a corrosão, sais como o cloreto de potássio para reduzir a infiltração de água do fluido de perfuração na formação rochosa e vários lubrificantes de perfuração derivados do petróleo. O fluido de perfuração é bombeado pelo tubo de perfuração oco até à broca de perfuração, onde sai do tubo e depois é descarregado de volta para o furo até à superfície. A Figura 4 mostra o sistema de circulação do fluido de perfuração.

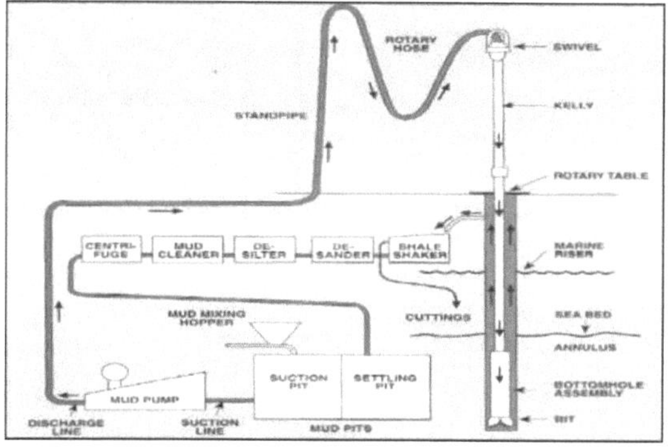

Figura 4 Sistema de circulação do fluido de perfuração

A instabilidade do poço é a condição indesejável de um intervalo de furo aberto que não mantém o seu tamanho e forma e/ou a sua integridade estrutural. As causas podem ser agrupadas nas seguintes categorias:

- Falha mecânica causada por tensões in situ
- Erosão causada pela circulação de fluidos
- Química causada pela interação do fluido do furo com a formação

Existem quatro tipos diferentes de instabilidades do poço:

1. Fecho ou estreitamento do orifício
2. Alargamento de buracos ou lavagens
3. Fracturação
4. Colapso

1. Fecho do orifício

O fecho do furo é um processo de estreitamento dependente do tempo de instabilidade do poço. É por vezes referido como fluência sob a pressão da sobrecarga e ocorre geralmente em secções de xisto e sal de fluxo plástico. Os problemas associados ao fecho do furo são:

- Aumento do binário e do arrastamento
- Aumento do potencial de aderência dos tubos
- Aumento da dificuldade de aterragem dos invólucros

2. Alargamento do furo

Os alargamentos de furos são normalmente designados por "washouts" porque o furo se torna indesejavelmente maior do que o pretendido. Os alargamentos de furos são geralmente causados por:

- Erosão hidráulica
- Abrasão mecânica causada pela coluna de perfuração
- Xisto inerentemente desprendido

Os problemas associados ao alargamento do buraco são:

- Aumento da dificuldade de cimentação
- Aumento do desvio potencial do furo
- Aumento dos requisitos hidráulicos para uma limpeza eficaz dos furos
- Aumento dos problemas potenciais durante as operações de abate de árvores

3. Fracturação

A fracturação ocorre quando a pressão do fluido de perfuração excede a pressão de fratura da formação. Os problemas associados são a perda de circulação e a possibilidade de ocorrência de coice.

4. Colapso

O colapso do furo ocorre quando a pressão do fluido de perfuração é demasiado baixa para manter a integridade estrutural do furo perfurado. Os problemas associados são a aderência do tubo e a possível perda do poço.

Instabilidade do poço na formação de xisto

Os xistos constituem a maioria das formações perfuradas e causam a maioria dos problemas de instabilidade do poço, que vão desde a lavagem até ao colapso total do furo. Os xistos são rochas sedimentares de grão fino compostas por argila, silte e, nalguns casos, areia fina. Os tipos de xisto variam de gumbo rico em argila (relativamente fraco) a siltito de xisto (altamente cimentado), e têm em comum as caraterísticas de permeabilidade extremamente baixa e uma elevada proporção de minerais de argila. Mais de 75% das formações perfuradas em todo o mundo são formações de xisto. O custo de perfuração atribuído a problemas de instabilidade do xisto é superior a meio bilião de dólares americanos por ano. As causas da instabilidade do xisto são as seguintes:

1. mecânica (alteração da tensão vs. ambiente de resistência do xisto)

2. química (interação xisto/fluido - pressão capilar, pressão osmótica, difusão de pressão, invasão do fluido do furo no xisto).

1. Instabilidade mecânica

A instabilidade mecânica das rochas pode ocorrer porque o estado de equilíbrio das tensões in situ foi perturbado após a perfuração. O fluido de perfuração utilizado com uma determinada densidade pode não trazer as tensões alteradas para o estado original, pelo que o xisto pode tornar-se mecanicamente instável.

2. Instabilidade química

A instabilidade do xisto induzida por produtos químicos é causada pela interação entre o fluido de perfuração e o xisto, que altera a resistência mecânica do xisto, bem como a pressão dos poros do xisto nas proximidades das paredes do furo. Os mecanismos que contribuem para este problema incluem:

1. Pressão capilar
2. Pressão osmótica
3. Difusão de pressão nas proximidades das paredes do furo
4. Invasão do fluido do furo no xisto quando a perfuração é desequilibrada

1. Pressão capilar

Durante a perfuração, o fluido de perfuração no furo entra em contacto com o fluido dos poros nativos do xisto através da interface poro/garganta. Isto resulta no desenvolvimento de pressão capilar. Para evitar que os fluidos do furo entrem no xisto e o estabilizem, é necessário um aumento da pressão capilar, o que pode ser conseguido com sistemas de lamas à base de óleo ou outros sistemas orgânicos de baixa polaridade.

2. Pressão osmótica

Quando o nível de energia ou atividade no fluido dos poros do xisto é diferente da atividade na lama de perfuração, o movimento da água pode ocorrer em qualquer direção através de uma membrana semipermeável como resultado do desenvolvimento de pressão osmótica ou potencial químico. Para evitar ou reduzir o movimento da água através desta membrana semipermeável que tem uma certa eficiência, as actividades têm de ser igualadas ou, pelo menos, os seus diferenciais minimizados. A atividade do fluido de perfuração pode ser reduzida através da adição de electrólitos que podem ser obtidos através da utilização de sistemas de fluidos de perfuração, tais como:

- Água do mar
- Sal saturado/polímero
- KCl/NaCl/polímero

- Cal/gesso

3. Difusão de pressão

A difusão de pressão é um fenómeno de mudança de pressão perto das paredes do furo que ocorre ao longo do tempo. Esta mudança de pressão é causada pela compressão do fluido nativo dos poros pela pressão do fluido do furo e pela pressão osmótica.

4. Invasão do fluido do furo no xisto

Na perfuração convencional, é sempre mantida uma pressão diferencial positiva (a diferença entre a pressão do fluido do furo e a pressão do fluido dos poros). Como resultado, o fluido do furo é forçado a fluir para a formação (fenómeno de perda de fluido), o que pode causar interação química que pode levar a instabilidades no xisto. Para atenuar este problema, é utilizado um aumento da viscosidade da lama ou, em casos extremos, gilsonite para selar as micro-fracturas.

A perfuração em balanço através de uma formação de xisto com um fluido à base de água (WBF) permite que a pressão do fluido de perfuração penetre na formação. Devido à saturação e à baixa permeabilidade da formação, a penetração de um pequeno volume de filtrado de lama na formação provoca um aumento considerável da pressão do fluido dos poros junto à parede do poço. O aumento da pressão do fluido dos poros reduz o suporte efetivo da lama, o que pode causar instabilidade. Vários sistemas WBF de polímeros obtiveram ganhos na inibição do xisto em relação aos fluidos à base de óleo (OBFs) e aos fluidos de base sintética (SBFs) através da utilização de inibidores e encapsuladores potentes que ajudam a evitar a hidratação e a dispersão do xisto.

Capítulo 2

2. Introdução

Atualmente, a manutenção da estabilidade do poço é um aspeto muito importante da perfuração. A invasão de água nas formações de xisto resulta no enfraquecimento do poço e causa muitos problemas, por exemplo, tubo preso e colapso do furo [1]. O problema da instabilidade do poço nas formações de xisto é bem conhecido na indústria de perfuração, uma vez que mais de 75% das formações perfuradas são constituídas por rochas de xisto. Qualquer problema com o xisto é um problema técnico grave, que causa 90% dos problemas de instabilidade do poço, gastos de tempo e receitas nas explorações petrolíferas [2].

Devido à caraterística de sensibilidade à água do xisto em relação à sua composição iónica e teor de argila, a formação é vista como a questão mais problemática para os perfuradores. Os xistos são também problemáticos, uma vez que têm uma permeabilidade Nano-Darcy muito baixa, com gargantas de poros muito pequenos e nanométricos que não são eficazmente selados pelos sólidos dos fluidos de perfuração convencionais. A tendência instável do xisto sensível à água pode estar relacionada com a adsorção de água e a hidratação da argila [3].

No passado, as lamas à base de óleo de atividade equilibrada (OBM) eram utilizadas para perfurar através de formações de xisto problemáticas [4]. A OBM, devido às suas caraterísticas superiores de estabilização do xisto, pode resolver os problemas de instabilidade do poço [5]. O OBM é uma solução fundamental para manter a estabilidade do xisto [6]. No entanto, a utilização do OBM é limitada, em grande parte devido às suas restrições ambientais (particularmente na perfuração offshore), custos e segurança [7].

Por conseguinte, a conceção e o desenvolvimento de lamas de base aquosa (WBM) com desempenho OBM são atualmente considerados como uma área de grande interesse na indústria petrolífera.

O WBM, que consiste em cloreto de potássio (KCl) e polímero, foi introduzido na década de 1960. A poliacrilamida parcialmente hidrolisada (PHPA) fornece revestimentos e ajuda a estabilizar o xisto através de uma camada protetora de polímero [6]. A figura 5 mostra a ligação da PHPA às placas de argila na formação de xisto e o seu monómero. Van Oort, ao substituir o OBM por WBM em alguns campos argelinos, provou que a aplicação de aditivos específicos, ou seja, KCl e polímero, melhora a estabilidade do xisto [8]. Noutras áreas, onde é necessária a inibição para conter a alteração química do xisto, podem ser utilizadas lamas à base de potássio. Os iões de potássio trocam com os iões de sódio ou de cálcio nas argilas e esmectitas intercaladas [5].

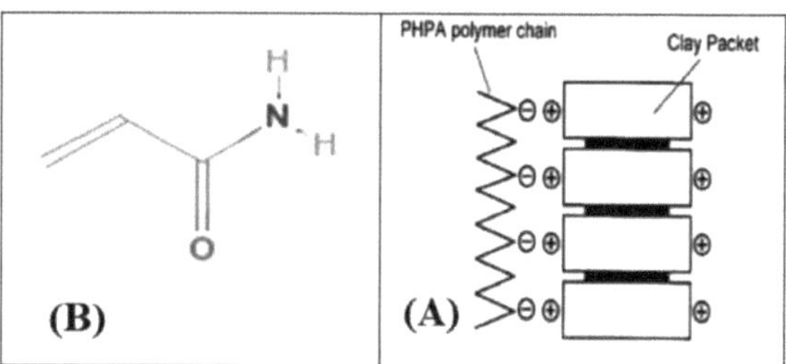

Figura 5 (A) Ligação do PHPA a placas de argila em formações de xisto (B) Monómero PHPA

Os macro e microfluidos de base convencionais (produtos químicos e polímeros) têm uma estabilidade térmica limitada. Além disso, sofrem degradação térmica acima de 125-130 °C. Devido à degradação, estes produtos químicos não podem desempenhar eficazmente a sua função desejada nos sistemas de lamas de perfuração. Por conseguinte, para alcançar as propriedades viscosas e gelificantes desejadas sob altas pressões e altas temperaturas, a lama de perfuração deve incluir os componentes específicos, por exemplo, nanopartículas, que têm estabilidade sob condições extremas. A excelente condutividade térmica dos fluidos Nanobase associada a tolerâncias de temperatura e pressão, pode ser uma melhor escolha. As nanopartículas têm o potencial de se tornarem um constituinte permanente de todos os sistemas de lamas de perfuração, uma vez que podem ser uma solução eficiente para muitos problemas no fundo do poço. As nanopartículas são uma excelente alternativa para substituir as estratégias tradicionais e permitir que a indústria de perfuração atual ultrapasse os limites para atingir os hidrocarbonetos específicos regularmente conhecidos como inacessíveis [9].

A WBM está mais em contacto com a argila do que a OBM. Este contacto pode causar instabilidade. Para reduzir a invasão dos fluidos de perfuração, os fluidos de perfuração devem formar um bolo de lama interno ou externo [10]. Os aditivos normais não conseguem formar um bom bolo de lama, devido à pequena dimensão da garganta dos poros e à baixa permeabilidade do xisto. A obstrução da garganta dos poros pode não ser alcançada no xisto, devido ao grande tamanho dos aditivos sólidos de lama regularmente utilizados, que não obstruem a garganta dos poros. As partículas sólidas normais são aproximadamente 100 vezes maiores do que as gargantas dos poros [11]. O fluxo lento de filtrado de WBM na formação leva a uma zona de pressão de poros significativa perto da parede do poço e, subsequentemente, à instabilidade do poço. Por conseguinte, a obstrução física das gargantas de poros nanométricos pode ser implementada para alcançar vários benefícios, incluindo a redução da pressão dos poros devido à sua caraterística de impedir o influxo do filtrado de lama para o xisto, enquanto o inchaço do xisto é reduzido devido à sua caraterística de evitar uma maior interação entre o xisto e o filtrado de lama, a elevada eficiência da membrana é gerada devido à redução da permeabilidade do xisto e, consequentemente, à estabilidade do xisto [8].

As experiências mostraram que as NPs melhoram as propriedades reológicas dos nanofluidos [12]. Recentemente, foram formulados fluidos de perfuração nanobásicos que resultaram na melhoria das propriedades reológicas, ou seja, a estabilidade e a propriedade de gelificação, e o bolo de lama ultrafino. Os fluidos Nanobase reduzem quaisquer danos durante a formação através da eliminação da perda de jato. O bolo de lama ultrafino diminui drasticamente a aderência diferencial do tubo e, como resultado, o fluido Nanobase é aplicado na formação com alta permeabilidade [13].

Devido aos seguintes factos, os nanoaditivos (Nanos) têm potencial para serem utilizados nas operações de perfuração; em primeiro lugar, a enorme área de superfície das NPs aumenta as interações entre as NPs e o xisto reativo e resolve os problemas de perfuração. Em segundo lugar, a menor energia cinética das NPs reduz o efeito abrasivo das Nanos no equipamento de fundo de poço, o que provoca danos. Em conclusão, as Nanos são muito eficazes a baixas concentrações, o que constitui uma vantagem para o ecossistema e a indústria [14]. Uma abordagem alternativa para a estabilidade do xisto baseia-se nos trabalhos de investigação de Sensory, Chenevert e Sharma realizados sobre a nano-sílica (nS), onde se demonstra que o fluxo de fluidos através de um tampão de xisto Atoka pode ser interrompido por NPs. De facto, o que eles essencialmente fizeram foi tapar os poros nanométricos do xisto utilizando as partículas de nano-sílica [10]. Anteriormente, os resultados dos testes nas amostras de xisto gasoso mostraram que a formulação correta da lama e a escolha de nanomateriais apropriados com tamanho e concentração adequados são as chaves para impedir o fluxo de água nas amostras de xisto com uma vasta gama de permeabilidade inicial na gama de 1 a 100.000 NanoDarcy (nD) [14].

A adição de nanotubos de carbono de paredes múltiplas (MWCNT) funcionalizados aumenta o ponto de escoamento e a viscosidade plástica da WBM, reduz a perda de jato, constrói um bolo de lama uniforme, uma vez que o risco de aderência do tubo é reduzido e o binário diminui durante as operações de perfuração. A utilização de MWCNT aumenta a viscosidade anular, pelo que a capacidade de limpeza e elevação do furo é melhorada em comparação com a WBM convencional [15]. Os MWCNT em poços de alta temperatura e pressão podem substituir os agentes de viscosidade convencionais, por exemplo, polímeros orgânicos, argila ou ácidos gordos. A aplicação de MWCNT com quantidades vestigiais específicas, de preferência inferiores a 3% em peso, não causaria problemas adicionais, pelo que a lama pode bombear melhor [16]. O fluido de perfuração que contém materiais à base de grafeno reduz a permeabilidade do xisto, fechando os seus poros e obtendo melhores resultados do que os polímeros convencionais, particularmente a altas temperaturas [17]. Os MWCNT com o agente de proteção (PHPA e PAC) permitem-nos utilizar menos NPs, o que não produz salpicos durante o teste de filtração API [3]. Os MWCNT melhoram as propriedades reológicas, aumentando a condutividade térmica e a tensão de cisalhamento, enquanto a perda de água é reduzida [18], a resistência à corrosão é melhorada, a taxa de velocidade é aumentada, assim como a condutividade eléctrica, a alteração da molhabilidade e a sustentabilidade do xisto são melhoradas. Quintero et al. concluíram que as concentrações de NPs para a estabilidade do xisto devem situar-se no intervalo de 5 a 150 000 ppm. Verificaram que as NPs com carga superficial, como os MWCNT, podem ajudar a alcançar a estabilidade do xisto. A pequena dimensão das NPs permite um bom acesso à matriz de xisto [19]. Amanullah et al. descobriram que os MWCNTs podem aumentar a viscosidade da composição do fluido WBD em pelo menos 10 centipoise (cp), proporcionando uma capacidade adicional de gelificação, enquanto a perda de água e a espessura do bolo de lama são reduzidas [20].

O presente estudo investiga o efeito dos MWCNT e do PEG nas propriedades reológicas, na recuperação do xisto e na integridade do xisto do WBM.

Capítulo 3

3. Materiais e metodologia de investigação

3.1 Materiais

- A bentonite, o cloreto de potássio, a goma xantana (XG) (agente de viscosidade) e o PHPA foram adquiridos à Kimyagaran Drilling Fluids, uma empresa comercial líder na produção e fornecimento de matérias-primas para lamas de perfuração de petróleo e gás no Irão.

- A soda cáustica e o polietilenoglicol 600 foram adquiridos à Merck no Irão. O grau de baixa viscosidade da celulose polianiónica (aditivo de controlo da perda de fluidos) foi adquirido à Henzak Chemie Company no Irão.

  Nanotubo de carbono modificado à superfície (nanotubo de carbono funcionalizado [FCNT]) (MWCNT, diâmetro = 10-20 nm, pureza > 95%, comprimento de 10μm e área de superfície: 250 m^2 /g);

  Nanotubos de carbono não modificados (PCNT) (MWCNT, diâmetro = 10-20 nm, pureza > 95%, comprimento de 10μm e área de superfície: 250 m^2 /g);

- Maior Nanotubo de carbono não modificado (MCNT) (MWCNT, diâmetro ≥ 50 nm, pureza > 95 %, comprimento de 20-30 μm).

Todos os tipos de nanotubos de carbono de paredes múltiplas (MWCNT) foram produzidos no Instituto de Investigação da Indústria Petrolífera do Irão (RIPI). Os tensioactivos utilizados nesta investigação são o Tween 80 (T80), a goma arábica (GA) e o dodecil sulfato de sódio (SDS), que são normalmente utilizados na indústria petrolífera.

A análise da água local foi efectuada pelo método ASTMD4691 e os resultados são apresentados no quadro 1.

Tabela 1. Análise da água local.

No.	Component	Amount	Unit
1	Na	1.0	g/L
2	Mg	0.15	
3	Ca	0.45	
4	K	9	mg/L

Os MWCNT não se dispersam na água devido à sua caraterística hidrofóbica. Podem ser hidrofílicos através da introdução de grupos funcionais hidrofílicos na sua superfície por tratamento ácido, como se mostra na figura 6.

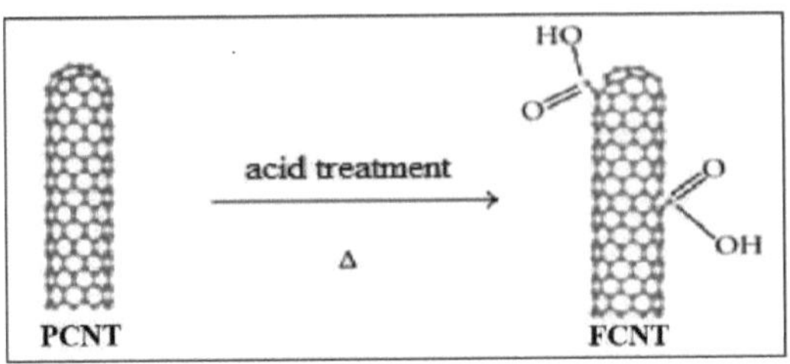

Figura 6 PCNT e FCNT

3.1.1 Desempenho dos materiais

O mineral bentonite pode ser encontrado em todo o mundo. É formada a partir de cinzas vulcânicas. Tem algumas propriedades excepcionais: quando agitada em água, demonstra a chamada reação tixotrópica. Reage como um fluido quando é submetido a esforços mecânicos, por exemplo, agitado ou mexido. No entanto, endurece em condições de repouso porque a sua viscosidade aumenta. Uma vez que a bentonite contém 60-80% de montmorilonite, proporciona propriedades especiais como o inchaço e a adsorção. O silicato de camada tripla pode absorver uma quantidade excecional de água e expandir-se para um múltiplo do tamanho original. O comportamento de inchamento e viscosidade da bentonite na presença de água, bem como a sua superfície interior particularmente elevada, abrem inúmeras opções de aplicação para o mineral.

A goma xantana, um biopolímero de elevado peso molecular, proporciona um controlo reológico versátil numa vasta gama de salmouras, fluidos de perfuração e de fracturação. A goma xantana é considerada não perigosa e adequada para utilização em locais e aplicações sensíveis do ponto de vista ambiental. Nas aplicações em campos petrolíferos, a goma xantana proporciona um excelente controlo reológico para fluidos de perfuração, completação e work-over à base de água numa vasta gama de salmouras. A alta viscosidade em baixas concentrações e o transporte eficiente de sólidos em condições de alta viscosidade/baixo cisalhamento trazem vários benefícios para aplicações em perfuração e campos petrolíferos, incluindo:

1. Minimização da fricção de bombagem em lamas de cal, água doce e água salgada
2. Maximização da penetração da broca
3. Taxas de perfuração aceleradas em condições de baixa viscosidade/alto cisalhamento
4. Diminuição da acumulação de sólidos nos fluidos de perfuração
5. Manuseamento de concentrações elevadas de gravilha
6. Estabilização de fluidos de limpeza de furos
7. Diminuição dos danos na formação de óleo
8. Diminuição das despesas de manutenção
9. Menor custo total de operação
10. Estabiliza a suspensão uniforme de pigmentos
11. tempo de suspensão reduzido

12.Fornece propriedades tixotrópicas
13.Controla a sinérese durante a armazenagem e a aplicação
14.Proporciona estabilidade microbiológica em formulações de base aquosa
15. cumpre os requisitos das formulações de tintas ecológicas

O PHPA (Poliacrilamida Parcialmente Hidrolisada) é um polímero de peso molecular muito elevado que se adsorve às superfícies de argila e xisto para encapsular os detritos perfurados e revestir o poço com uma camada de polímero viscoso. Esta actua como uma barreira para evitar que a água entre em contacto com as argilas e os xistos, o que, mais uma vez, ajuda a minimizar a hidratação, o inchaço e a dispersão das argilas e dos xistos.

As vantagens do PHPA são as seguintes

1. Funciona como um inibidor ao revestir ou encapsular a formação e os cortes.
2. Também limita a interação do xisto hidratável e dispersível.
3. Pode ser utilizado como floculante na perfuração em águas claras.
4. Também fornece propriedades de inibição para água doce, água do mar e também na presença de iões de cálcio.
5. A elevada viscosidade deste fluido de perfuração ajuda a uma melhor remoção dos detritos do furo.
6. É resistente à fermentação bacteriana.

O cloreto de potássio (KCl) fornece uma fonte de iões de potássio, que são suficientemente pequenos para caberem entre as plaquetas de argila sem distorcerem a estrutura do xisto. Os iões de potássio são adsorvidos nos locais de catiões permutáveis na estrutura do xisto e isto mantém as plaquetas juntas, o que ajuda a minimizar a hidratação, o inchaço e a dispersão da argila e do xisto.

O revestimento PHPA ajuda a manter intactas as aparas de perfuração à medida que sobem pelo anel, melhorando a eficiência do controlo de sólidos à superfície e ajudando a controlar a acumulação de sólidos no fluido de perfuração. O sistema de polímeros KCL-PHPA é fácil de misturar e as propriedades inibidoras são fáceis de ajustar de acordo com a reatividade da argila e do xisto durante a perfuração. No entanto, a concentração de iões de potássio tem de ser ajustada cuidadosamente para se adequar à reatividade do xisto, uma vez que as concentrações baixas incentivam a hidratação e a dispersão do xisto, enquanto o tratamento excessivo pode desidratar e desestabilizar o poço.

A soda cáustica (NaOH) é utilizada na maioria das lamas de base aquosa para aumentar e manter o pH e a alcalinidade. É um material perigoso de manusear porque é muito cáustico e liberta calor quando dissolvido em água. São necessários formação e equipamento adequados para o manusear em segurança.

O polietilenoglicol (PEG), um polímero solúvel em água, tem sido amplamente utilizado como o polímero mais promissor para a conceção de fluidos de perfuração à base de água inibidores de hidratos. Os estudos que envolvem a cinética da formação e dissociação de hidratos de metano em soluções aquosas de PEG podem ajudar a desenvolver fluidos de perfuração inibidores de hidratos eficazes para uma operação de perfuração eficiente em águas profundas e em formações portadoras de hidratos. Com a adição de KCl, o poliglicol adsorvido na montmorilonite pode complexar com K^+ e promover a agregação de partículas de argila e diminuir eficazmente o inchaço da montmorilonite.

A celulose polianiónica de baixa viscosidade ajuda a controlar a perda de fluido em sistemas de água doce, água do mar, KCL e lama salgada e reduz o potencial de aderência deferencial. Resiste à fixação bacteriana, eliminando assim a necessidade de conservantes.

As vantagens do PAC são as seguintes

1. Minimiza os custos da lama, uma vez que é eficaz a baixa concentração e está amplamente disponível
2. Não é suscetível de ser atacado por bactérias.
3. Tem uma resistência aos iões e é eficaz numa vasta gama de pH.
4. Tem uma afinidade com as superfícies argilosas e restringe a sua hidratação e dispersão.
5. Pode ser utilizado em todos os tipos de sistemas de lamas de base aquosa
6. Provoca apenas um aumento mínimo da viscosidade

A análise da água local foi efectuada pelo método ASTMD4691 e os resultados são apresentados no quadro 2.

Tabela 2. Análise da água local

No.	Component	amount	Unit
1	Na	1.0	g/L
2	Mg	0.15	
3	Ca	0.45	
	K	9	mg/L

Os resultados do ensaio de difração de raios X (XRD) da amostra de xisto são apresentados na tabela 3.

Tabela 3. Resultado XRD da amostra de xisto

Sample	Test Method	Result
D3536.75	XRD	1-Quartz, 2-Kaolinite, 3-Feldspar

3.2 Procedimento experimental

3.2.1 Preparação das amostras

Todos os ensaios foram realizados no Instituto de Investigação da Indústria Petrolífera (RIPI) do Irão.

Primeira fase: preparação da amostra de nanofluido constituída por NPs, tensioactivos e água na sua formulação. Os nanofluidos foram preparados de acordo com a formulação mencionada na tabela 4.

Na primeira fase, os tensioactivos foram pesados e adicionados a um copo contendo 20 cc de água e agitados por um agitador magnético durante 5 minutos para preparar o fluido único pretendido. Em seguida, os MWCNT pesados foram adicionados à amostra. A formulação do nanofluido é apresentada na tabela 4.

Tabela 4. Formulação do Nanofluido

Additive	Unit	Amount
Water	ml	20
Surfactant	gr	0.35
7MWCNT	gr	0.35

Figura 7. Os MWCNT não se dispersam na amostra

Como se pode ver na figura 7, após a adição de MWCNT à amostra que contém água e tensioactivos, os MWCNT transformam-se em sedimentos. O banho de ultra-sons é utilizado para dispersar os MWCNT na amostra.

Segunda fase: Ultra-sons

A amostra foi aplicada por ultra-sons no banho de ultra-sons (P 120 H, Elmasonic Co., Alemanha) durante 30 minutos, com uma frequência de 37 kHz, 100 W e temperatura ambiente. Na figura 8, a amostra Nanofluid após ultra-sons é mostrado. Esta figura mostra MWCNT é completamente disperso na amostra.

Figura 8. A amostra de nanofluido após ultra-sons

Na tabela 5, ilustra-se a formulação de nanofluidos com diferentes tensioactivos.

Tabela 5. Formulações de nanofluidos

NO.	Sample	CNT type	CNT (gr)	Distilled water (ml)	Local water (ml)	SDS (gr)	GA (gr)	T80 (gr)
1	Nano DF	PCNT	0.35	20	-	0.35	-	-
2	Nano DF/RPF	PCNT	0.35	-	20	0.35	-	-
3	Nano DF/RPG	PCNT	0.35	-	20	-	0.35	-
4	Nano DF/RPT	PCNT	0.35	-	20	-	-	0.35
5	Nano DF/RPGBF	PCNT	0.35	-	20	-	0.35	-
6	Nano DF/RPG.GEF	PCNT	0.35	-	20	-	0.35	-
7	Nano DF/RPGF	PCNT	0.35	-	20	-	0.35	-
8	Nano DF/RMG.GEF	MCNT	0.35	-	20	-	0.35	-
9	Nano DF/RAT	FCNT	0.35	-	20	-	-	0.35
10	Nano DF/RAG	FCNT	0.35	-	20	-	0.35	-
11	Nano DF/RAG.GEF	FCNT	0.35	-	20	-	0.35	-

Terceira fase: preparação da lama de base (amostra sem NPs)

Na tabela 6, estão representadas as lamas de base com diferentes formulações e durações de tempo de mistura (TM).

Tabela 6. Formulações de lama base: bentonite DF/BF1B, DF/BFBF e Nano DF/RPGBF adicionada às amostras após NaOH; bentonite DF, DF/BF, Nano DF/RPF, Nano DF, Nano DF/RPG e Nano DF/RPT adicionada às amostras por último (diferença distinta entre Nano DF/RPG e Nano DF/RPGF pela adição de bentonite). A bentonite é adicionada ao Nano DF/RPG como o último aditivo, mas no caso do Nano DF/RPGF, a bentonite é adicionada inicialmente.

NO.	Sample	Distilled water (ml)	local water (ml)	Bentonite (g/350ml)	KCl (g/350ml)	NaOH (g/350ml)	XG (g/350ml)	PAC (g/350ml)	PHPA (g/350ml)	PEG (g/350ml)	rpm
				MT:10 min	MT:3 min	MT:2 min	MT:5 min	MT:5 min	MT:10 min	MT:5 min	
1	DF	340	-	10	11.3	0.3	0.6	2	1	-	3000
2	Nano DF	320	-	10	11.3	0.3	0.6	2	1	-	3000
3	DF/BF	-	340	10	11.3	0.3	0.6	2	1	-	3000
4	Nano DF/RPF		320	10	11.3	0.3	0.6	2	1	-	3000
5	Nano DF/RPG	-	320	10	11.3	0.3	0.6	2	1	-	6000
6	Nano DF/RPT	-	320	10	11.3	0.3	0.6	2	1	-	6000
7	DF/BFBF	-	340	10	11.3	0.3	0.6	2	1	-	6000
8	Nano DF/RPGBF	-	320	10	11.3	0.3	0.6	2	1	-	6000
9	DF/BF1B	-	340	10	11.3	0.3	0.6	2	1	0.75	6000
10	Nano DF/RPG.GEF	-	320	10	11.3	0.3	0.6	2	1	0.75	6000
11	DF/BFGEF	-	340	10	11.3	0.3	0.6	2	1	0.75	6000
12	Nano DF/RPGF	-	320	10	11.3	0.3	0.6	2	1		6000
13	Nano DF/RMG.GEF	-	320	10	11.3	0.3	0.6	2	1	0.75	6000
14	Nano DF/RAT	-	320	10	11.3	0.3	0.6	2	1	-	6000
15	Nano DF/RAG	-	320	10	11.3	0.3	0.6	2	1	-	6000
16	Nano Df/RAG.GEF	-	320	10	11.3	0.3	0.6	2	1	-	6000

{Volume de água (320 ou 340) + Volume de Nanofluido (20 ml) + Volume de aditivos = 350 ml}

Em primeiro lugar, os aditivos do fluido de perfuração foram pesados e misturados com água num agitador Hamilton Beach com a mesma ordem das fases dos aditivos e o tempo de mistura mencionado na tabela 6. Finalmente, os nanofluidos, produzidos na primeira fase, foram adicionados e misturados durante 10 minutos com a amostra de lama de base. Para a preparação da lama de base foram utilizados 340 ml de água e, para o Nanofluido, foram utilizados 320 ml de água (destilada ou local).

3.2.2 Medição das propriedades reológicas da pasta de papel reciclado

As propriedades reológicas das amostras foram medidas por um viscosímetro Fann, modelo 35SA, sob seis diferenças de rpm (600, 300, 200, 100, 6 e 3 rpm) para atingir a viscosidade plástica e o ponto de escoamento das amostras. O pH das amostras foi medido por um medidor de pH e, em seguida, a densidade da lama foi medida pela balança de lama. Por último, foi utilizado um aparelho de filtro-prensa API para medir as propriedades de filtração das amostras.

3.2.3 Ensaio de recuperação de xisto

O procedimento do API RP 13-I modificado foi utilizado neste estudo. Em primeiro lugar, foi aplicado o xisto triturado com um tamanho de partícula inferior a 4 mm (malha NO.5) e superior a 2 mm (malha NO. 10). Foram adicionados 20 g de xisto às amostras de fluido. As amostras foram laminadas num forno de rolos durante 8 horas a 121 °C (250 °F) para laminagem a quente. Em seguida, as amostras foram peneiradas através de um crivo de malha NO. 35 (0,5 mm) e depois lavadas com uma solução aquosa saturada de cloreto de sódio e salmoura de cloreto de potássio (15%). O xisto restante na peneira foi lavado para remover a lama presa às partículas de xisto, antes de secar e pesar novamente. O elevado peso da amostra que passou no crivo (Mesh 35) é uma indicação da instabilidade do xisto.

A recuperação de xisto é calculada como:

$$\text{Shale recovery} = \frac{MF}{MI} \times 100$$

MI = Massa inicial da amostra de xisto

MF = Massa seca final da amostra de xisto

3.2.4 Ensaio de integridade do xisto

Uma pastilha de xisto com um diâmetro de espessura de 1 polegada e 1 cm foi colocada em 350 cc de amostra de WBM. A pastilha de xisto foi colocada durante 24 horas a uma temperatura de 93 °C (200 °F) e, em seguida, a pastilha de xisto foi colocada a secar à temperatura ambiente. Foi colocada outra pastilha de xisto na amostra OBM e comparadas fisicamente, depois de as duas pastilhas estarem secas.

Capítulo 4

4. Resultados e discussão

4.1 Propriedades reológicas

Na tabela 7, são ilustrados os dados obtidos de diferentes WBMs. As propriedades reológicas e de filtração das lamas são apresentadas na tabela 8.

Tabela 7. Dados obtidos com o viscosímetro

NO.	Sample	Θ_{600}	Θ_{300}	Θ_{200}	Θ_{100}	Θ_{6}	Θ_{3}
1	DF	49	36	30	23	11	9
2	Nano DF	81	60	51	40	17	14
3	DF/BF	51	40	34	27	13	10
4	Nano DF/RPF	65	48	40	31	15	12
5	Nano DF/RPG	53	41	35	28	13	11
6	Nano DF/RPT	50	37	31	25	12	10
7	DF/BFBF	51	39	34	27	14	12
8	Nano DF/RPGBF	48	37	32	26	13	11
9	DF/BF1B	36	26	22	17	8	6
10	Nano DF/RPG.GEF	49	38	33	26	13	11
11	DF/BFGEF	64	48	42	34	21	15
12	Nano DF/RPGF	54	42	36	29	14	12
13	Nano DF/RMG.GEF	52	40	36	29	16	13
14	Nano DF/RAT	55	44	38	30	14	12
15	Nano DF/RAG	53	41	35	28	13	11
16	Nano DF/RAG.GEF	60	45	38	31	15	13

Tabela 8. Propriedades reológicas e de filtração das lamas

NO.	Sample	PV (cp)	YP ($\frac{lb}{100/t^2}$)	pH	FL (cc)	CT (mm)	Density ($\frac{lb}{ft^3}$)
1	DF	13	23	11.2	9	0.13	-
2	Nano DF	21	39	9.9	7.5	0.35	-
3	DF/BF	11	29	11	7.6	0.5	-
4	Nano DF/RPF	17	31	9.7	9	0.4	-
5	Nano DF/RPG	12	29	9.8	8	0.83	-
6	Nano DF/RPT	13	24	9.9	8.7	0.68	-
7	DF/BFBF	12	27	-	7.1	0.72	65
8	Nano DF/RPGBF	11	26	-	-	-	65
9	DF/BF1B	10	16	-	9.2	0.75	65
10	Nano DF/RPG.GEF	11	27	9.8	6.4	0.91	63
11	DF/BFGEF	16	32	11.3	-	-	-
12	Nano DF/RPGF	12	30	10.3	-	-	-
13	Nano DF/RMG.GEF	12	28	12	-	-	-

PV=Viscosidade plástica, YP=Ponto de rendimento, FL=Perda de filtrado e CT=Espessura do bolo.

Na figura 9, é apresentada a quantidade de perda de filtrado e a espessura do bolo de lama do Nano DF/RPG.

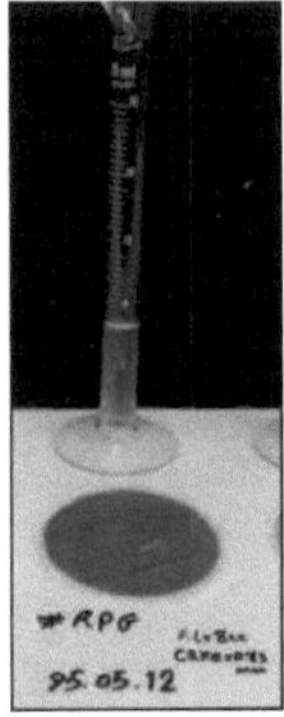

Figura 9. Quantidade de perda de filtrado e espessura do bolo de lama de Nano DF/RPG

Na figura 10, as amostras espumaram na presença de PEG.

Figura 10. (A) Nano DF/RPG.GEF formou espuma após a mistura; (B) DF/BF1B tem espuma estável após a mistura

As propriedades reológicas adequadas da lama de perfuração para a estabilidade do xisto são mostradas na tabela 9 [21]. A viscosidade plástica deve estar no intervalo de 20 a 25 cP, o ponto de rendimento deve estar no intervalo de 15 a 20 Pa, Θ3 deve estar no intervalo de 0 a 5 e a perda de fluido é inferior a 5 cc. Os dados são obtidos a partir do viscosímetro para a estabilidade do xisto, conforme representado na tabela 7 [21]. Em comparação com os resultados da tabela 7 e da tabela 9, mostra-se que os dados obtidos na nossa investigação atual são quase um intervalo aceitável e consistente para a estabilidade do xisto.

Tabela 9. Dados obtidos com o viscosímetro (21)

Θ3	Θ6	Θ100	Θ200	Θ300	Θ600
Less than 5	Less than 10	Less than 50	Less than 60	Less than 65	Less than 90

Na figura 11, são ilustrados os dados relativos ao quadro 7.

As taxas de viscosidade de diferentes amostras a taxas de cisalhamento superiores a 170 s^{-1} são quase idênticas. Por conseguinte, comparamos a viscosidade com uma taxa de cisalhamento inferior a 200 s^{-1} e os dados são apresentados na figura 11.

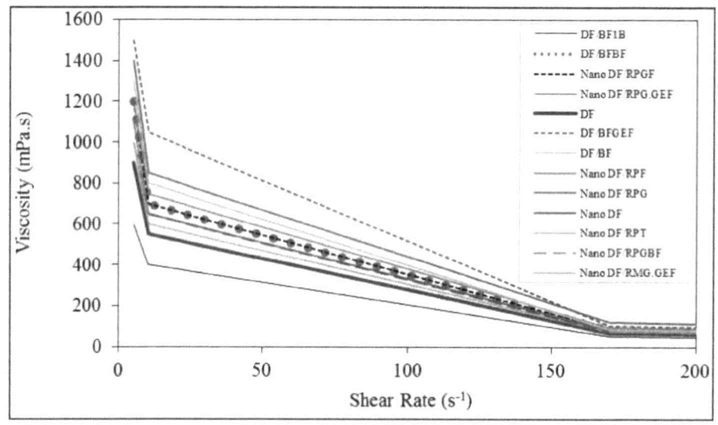

Figura 11. Curva de viscosidade-taxa de cisalhamento abaixo de 200 s^{-1}

4.1.1 Efeito da água destilada e da água local nas propriedades reológicas da massa muscular de farinha de trigo

A figura 12 mostra o efeito da água na viscosidade da lama. Como ilustrado na tabela 6, DF/BF e Nano DF/RPF foram preparados com água local, no entanto, Nano DF e DF foram feitos com água destilada. Na taxa de cisalhamento abaixo de 200 s^{-1} viscosidade da DF/BF é maior do que a DF, que é preparada com água destilada, enquanto a viscosidade da Nano DF/RPF é menor do que a Nano DF.

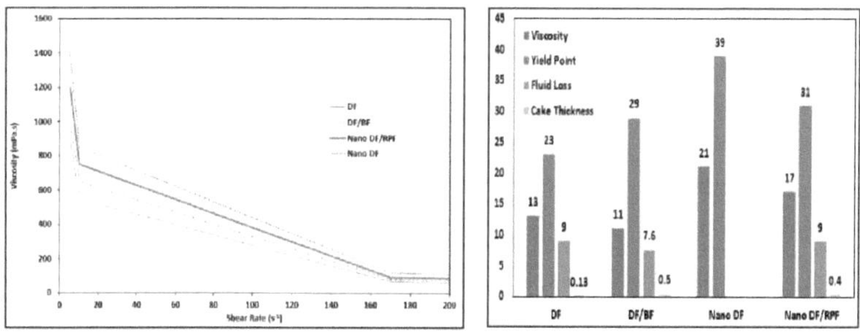

Figura 12. Efeito da água destilada e da água local nas propriedades reológicas da WBM

De acordo com a figura 12, a viscosidade aparente das amostras Nano DF e DF é superior à das amostras preparadas com a água local. O ponto de escoamento da DF é inferior ao da DF/BF e o ponto de escoamento da Nano DF/RPF é inferior ao da Nano DF. Por outras palavras, a água local reduz a viscosidade aparente e o ponto de escoamento das amostras. A água local reduz a quantidade de perda de água e aumenta a espessura do bolo de lama na lama de base (DF e DF/BF). Comparando as amostras de Nano DF/RPF e DF/BF, verifica-se que os MWCNT reduzem a espessura do bolo de lama e

aumenta a taxa de perda de água. Em geral, o desempenho dos MWCNT na presença de sal (água local) é inferior ao da água destilada.

A água local aumenta a viscosidade da lama de base; no entanto, ao adicionar MWCNT à lama de base, a viscosidade diminui. A razão é que existem muitos minerais polares na água local e o MWCNT é apolar, portanto, o MWCNT não pode absorver os minerais polares da água local e o fluido uniforme não é alcançado. Entretanto, na lama de base, todos os aditivos (polímeros) são polares e a boa absorção com sais foi encontrada na água local, pelo que é gerado um fluido homogéneo e a viscosidade da lama de base é aumentada.

4.1.2 Efeito da fase de adição de bentonite nas propriedades reológicas da WBM

Na figura 13, é apresentado o efeito da fase de adição de bentonite nas propriedades reológicas do Nanofluido. Os aditivos e a sua concentração no Nanofluido são os mesmos na figura 13, no entanto, a diferença é vista na fase de adição de bentonite. No Nano DF/RPGF, a bentonite é adicionada à lama antes do KCL e do NaOH, enquanto no Nano DF/RPGBF, a bentonite é adicionada à amostra imediatamente, depois do NaOH; e, finalmente, na amostra do Nano DF/RPG, a bentonite é adicionada à amostra por último.

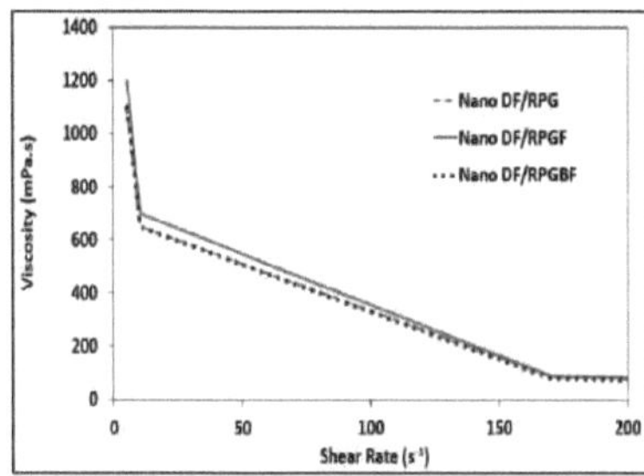

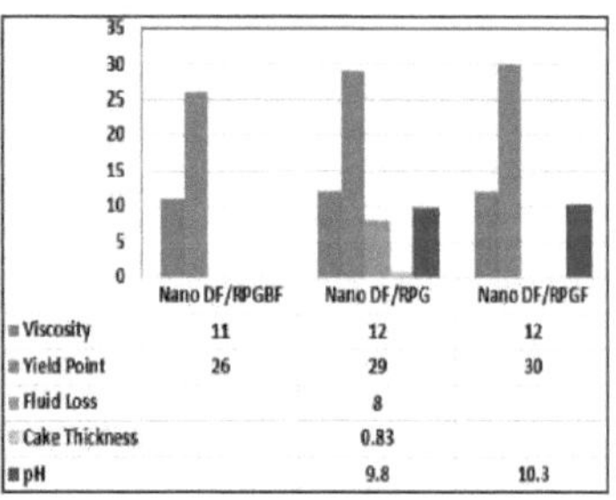

Figura 13. Efeito da fase de adição de bentonite nas propriedades reológicas do Nanofluido

Uma vez que a bentonite é formada a partir de partículas finas de argila, quando é adicionada à amostra antes do KCl, a sua saturação será melhor na amostra e a sua viscosidade aumentará. No entanto, quando é adicionada à amostra depois do KCl, o KCl impede a bentonite de inchar e de se distribuir na amostra e, em última análise, a viscosidade diminui. Como se pode ver na figura 13, a Nano DF/RPGF tem uma viscosidade mais elevada do que a Nano DF/RPGBF e a Nano DF/RPG.

Na figura 14, é mostrado o efeito da fase de adição de bentonite nas propriedades reológicas da lama de base. DF/BFGEF e DF/BF1B incluem PEG na sua formulação. Na DF/BFGEF, a bentonite é adicionada à amostra antes do KCl e, na DF/BF1B, a bentonite é adicionada à amostra depois do NaOH.

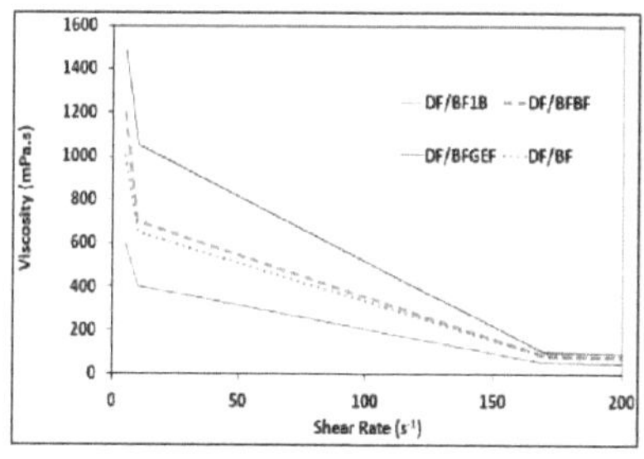

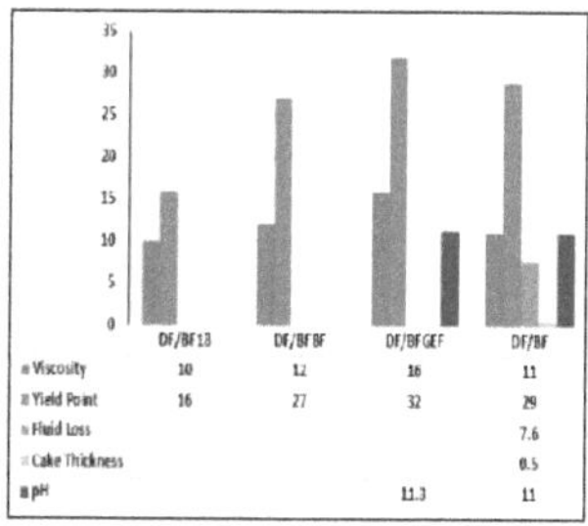

Figura 14. Efeito da fase de adição de bentonite nas propriedades reológicas da lama de base

Se a bentonite for adicionada à amostra antes do KCl numa taxa de cisalhamento inferior a 200 s^{-1} , a viscosidade aumentará. De acordo com a figura 14, a viscosidade plástica e o ponto de cedência de DF/BFGEF são comparativamente mais elevados do que DF/BF1B. Na DF/BFBF, a bentonite é adicionada à amostra antes do KCl, pelo que se encontra melhor dispersa na amostra e tem uma viscosidade mais elevada em comparação com a DF/BF. A bentonite é um tipo de argila e o KCl impede-a de inchar, pelo que quando a bentonite é adicionada à amostra antes do KCl, as propriedades reológicas do fluido de perfuração serão mais afectadas.

4.1.3 Efeitos dos tensioactivos nas propriedades reológicas da massa muscular de farinha de trigo

Na figura 15, são apresentados os efeitos dos tensioactivos nas propriedades reológicas da massa muscular de escritório. Nesta secção, o efeito de diferentes tensioactivos será comparado com a viscosidade da massa muscular de laboratório. O tensioativo SDS é utilizado para preparar a Nano DF/RPF, o tensioativo GA é utilizado para preparar a Nano DF/RPG e o tensioativo T80 é utilizado para preparar a Nano DF/RPT. Os outros aditivos são os mesmos nas três amostras. Como se pode ver na figura 15, o SDS aumenta a viscosidade plástica, o ponto de escoamento e a perda de água do Nano DF/RPF mais do que os outros tensioactivos e diminui a espessura da lama. O problema do SDS é que gera uma espuma estável nas amostras, como mostra a figura 16. O GA distribui os MWCNT na lama de forma homogénea, não produzindo espuma após agitação e produz uma WBM estável. O GA, em comparação com o T80, aumenta o ponto de rendimento e diminui a perda de água. O T80 é o mesmo que o SDS, onde produz espuma estável durante a agitação. Assim, na produção de outras amostras, o GA foi utilizado como agente tensioativo.

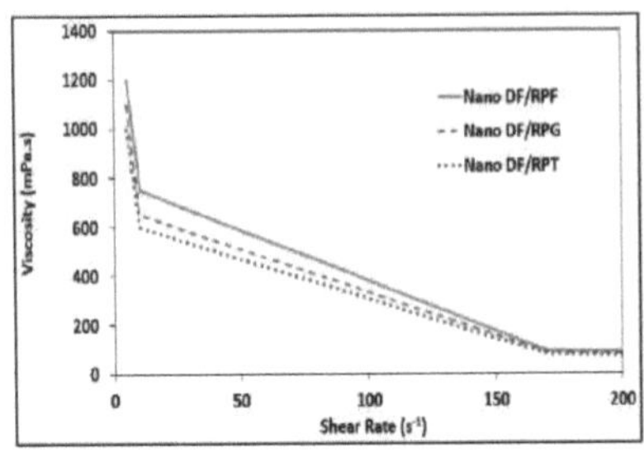

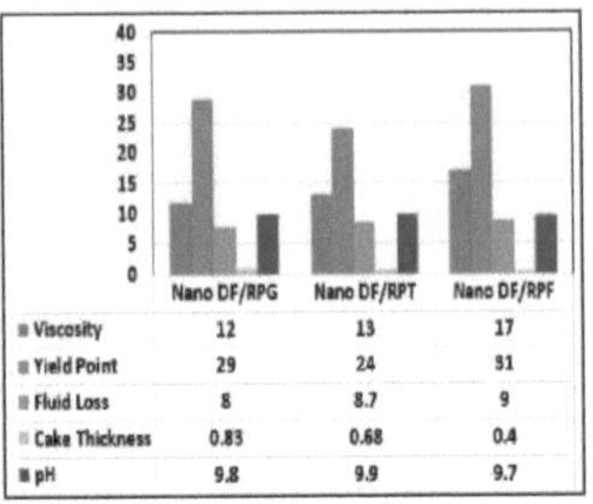

	Nano DF/RPG	Nano DF/RPT	Nano DF/RPF
Viscosity	12	13	17
Yield Point	29	24	31
Fluid Loss	8	8.7	9
Cake Thickness	0.83	0.68	0.4
pH	9.8	9.9	9.7

Figura 15. Efeitos dos tensioactivos nas propriedades reológicas da massa muscular de bovino

É notável que, após a adição do Nanofluido, preparado com o tensioativo SDS, à amostra de lama de base e a sua mistura, como se mostra na figura 16, a amostra espumou fortemente, o que conduz a uma diminuição do peso da lama e afecta as propriedades reactivas.

peso da lama e afecta as propriedades reológicas. Embora, em certa medida, o SDS melhore as propriedades reológicas das amostras de fluido, na maioria dos ensaios realizados no âmbito da presente investigação, o GA é utilizado como tensioativo.

Figura 16. Espuma da amostra devido ao tensioativo SDS

Como se pode ver na figura 17, o tensioativo SDS tem uma cabeça polar (hidrofílica) e uma cabeça não polar (hidrofóbica). A cabeça polar cria uma ligação com a lama de base e a cabeça não polar cria uma ligação com os MWCNT, o que resulta num aumento da taxa de viscosidade e numa melhoria das propriedades reológicas da lama.

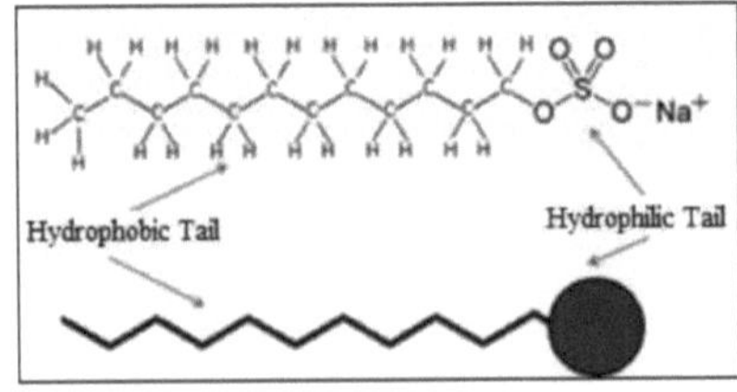

Figura 17. Tensioativo SDS

Como se pode ver na figura 18, o GA e a lama de base são polares e o MWCNT é não polar, pelo que não se gera uma boa ligação entre o MWCNT, o GA e a lama de base. É por esta razão que a viscosidade da amostra com GA é inferior à da amostra gerada por SDS.

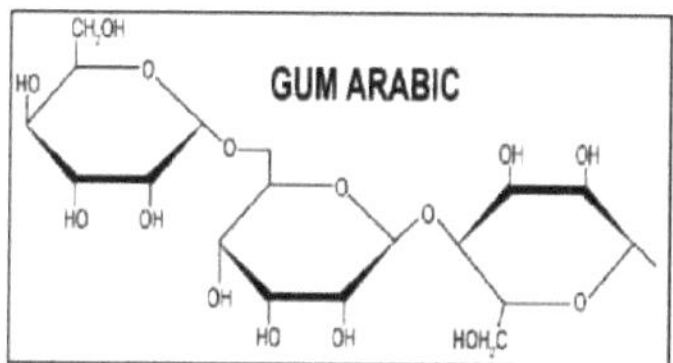

Figura 18. Tensioativo GA

O T80, tal como ilustrado na figura 19, tem uma cabeça polar e uma cabeça não polar, no entanto, a sua cabeça polar é composta principalmente por grupos éter. A polaridade do éter é baixa; portanto, gera uma ligação fraca com a lama. É por esta razão que o Nano DF/RPT tem uma viscosidade mais baixa e menos melhorias nas propriedades reológicas do que as outras amostras.

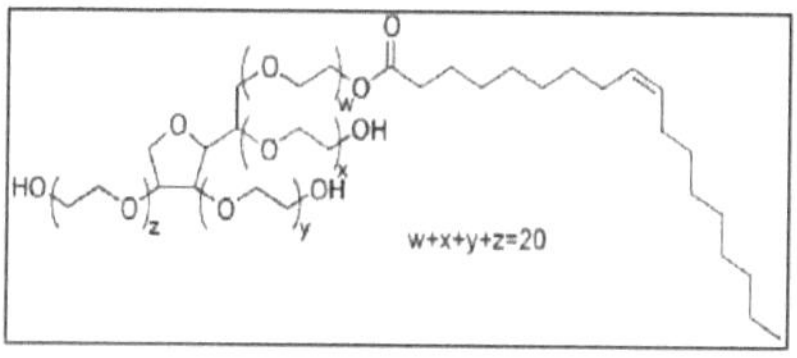

Figura 19. Tensioativo Tween 80

O GA é um polímero de peso molecular relativamente elevado, o T80 é um polímero de baixo peso molecular e o SDS é uma molécula simples. Os polímeros têm um peso molecular mais elevado e formam uma película para cobrir os poros do papel de filtro, reduzindo assim a perda de água. De acordo com a figura 15, a quantidade de perda de água nas amostras fabricadas com GA é inferior à das outras amostras.

4.1.4 Efeito do polietilenoglicol (PEG) nas propriedades reológicas da WBM

Na figura 20, é apresentado o efeito do PEG nas propriedades reológicas da massa muscular de laboratório. A DF/BF1B e a Nano DF/RPG.GEF contêm PEG na sua formulação, no entanto, a Nano DF/RPGF e a DF/BFBF não contêm PEG na sua formulação. Como se pode ver na figura 20, o PEG reduz a viscosidade e o ponto de escoamento das amostras.

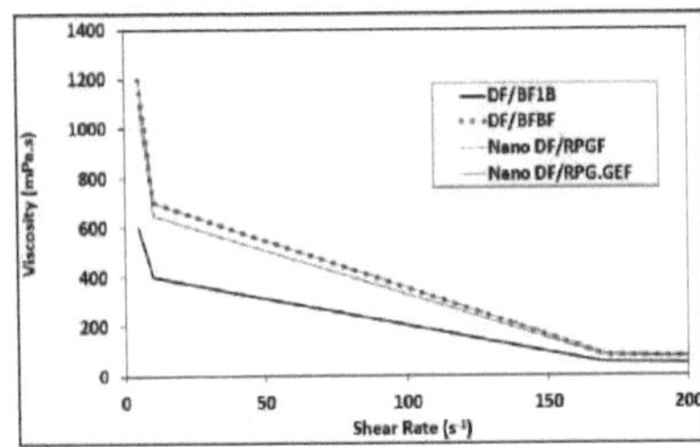

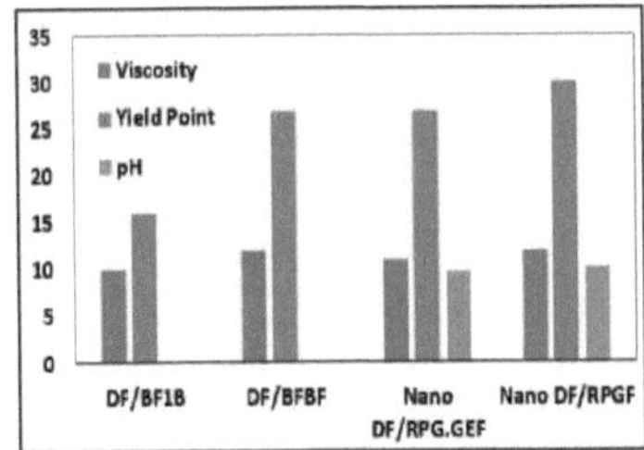

Figura 20. Efeitos do polietilenoglicol nas propriedades reológicas da WBM

A estrutura do polietilenoglicol é apresentada na figura 21.

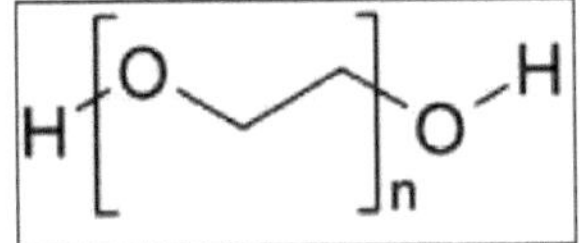

Figura 21. Polietilenoglicol

Comparando as duas amostras de Nano DF/RPG.GEF e Nano DF/RPGF, é óbvio que os MWCNT (não polares) formam uma amostra não homogénea, ao passo que se forma uma amostra mais não homogeneizada quando se adiciona PEG (não polar). Assim, a viscosidade da amostra contendo

MWCNT e PEG é menor do que a amostra sem PEG. Em ambas as amostras, a bentonite é adicionada antes do KCl. Como se mostra na figura 20, quando se adiciona PEG, a viscosidade da amostra constituída por MWCNT é reduzida.

4.1.5 Efeitos das nanopartículas nas propriedades reológicas da WBM

As partículas de nanocarbono são adicionadas à lama de base para determinar os efeitos dos MWCNT no desempenho da WBM. Na tabela 10, são apresentadas a nano-lama e a lama de base equivalente com os mesmos aditivos e concentrações.

Tabela 10. Nano-lama e lama de base equivalente com os mesmos aditivos e concentrações

NO.	Nano mud	Equivalent base mud
1	Nano DF	DF
2	Nano DF/RPF	DF/BF
3	Nano DF/RPG.GEF	DF/BFGEF
4	Nano DF/RPGBF	DF/BFBF

Na figura 22, são mostrados os efeitos das nanopartículas nas propriedades reológicas da WBM. Como é evidente na figura 22, a adição de MWCNT à lama de base leva a um aumento da viscosidade e do ponto de escoamento da WBM. Comparando DF/BF e Nano DF/RPF, verifica-se que as nanopartículas podem reduzir a espessura do bolo de lama, no entanto, a quantidade de perda de água aumenta. Ao adicionar MWCNT à amostra de DF (Nano DF), a viscosidade plástica e o ponto de escoamento aumentam e a perda de água da DF é reduzida.

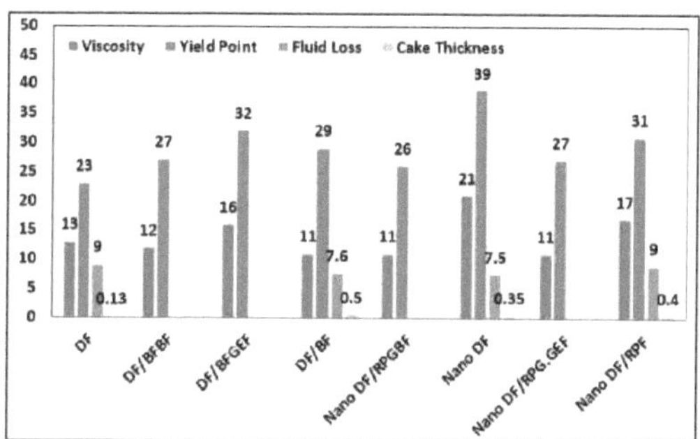

Figura 22. Efeitos das nanopartículas nas propriedades reológicas da WBM

Na figura 23, são mostrados os efeitos das nanopartículas nas propriedades reológicas do WBM após 16 horas de envelhecimento. Como se pode ver na figura 23, após 16 horas, comparando os casos de DF/BFBF e Nano DF/RPGBF, verifica-se que os MWCNT aumentam a espessura do bolo de lama e reduzem a perda de água.

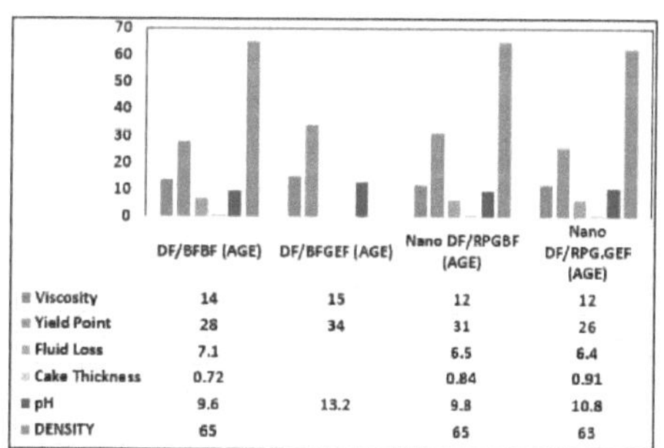

	DF/BFBF (AGE)	DF/BFGEF (AGE)	Nano DF/RPGBF (AGE)	Nano DF/RPG.GEF (AGE)
Viscosity	14	15	12	12
Yield Point	28	34	31	26
Fluid Loss	7.1		6.5	6.4
Cake Thickness	0.72		0.84	0.91
pH	9.6	13.2	9.8	10.8
DENSITY	65		65	63

Figura 23 Efeito das nanopartículas nas propriedades reológicas da WBM após 16 horas de envelhecimento

O MWCNT tem um módulo elevado e uma área de superfície elevada, melhorando assim as propriedades reológicas da lama. A adição de MWCNT reduz a viscosidade plástica e o ponto de escoamento da amostra DF/BFGEF devido à presença de PEG.

A adição de MWCNT à lama de base sem PEG melhora as propriedades reológicas da lama, uma vez que as razões foram mencionadas anteriormente.

4.1.6 Efeitos das dimensões dos MWCNT nas propriedades reológicas da WBM

Na figura 24, são apresentados os efeitos das dimensões dos MWCNT nas propriedades reológicas da WBM. O diâmetro e o comprimento dos MWCNT utilizados na Nano DF/RMG.GEF são superiores aos dos MWCNT utilizados na Nano DF/RPG.GEF. Devido aos módulos e resistências mais elevados dos MWCNT maiores em comparação com os mais pequenos, a viscosidade plástica, o ponto de escoamento e o pH da Nano DF/RMG.GEF são superiores aos da Nano DF/RPG.GEF.

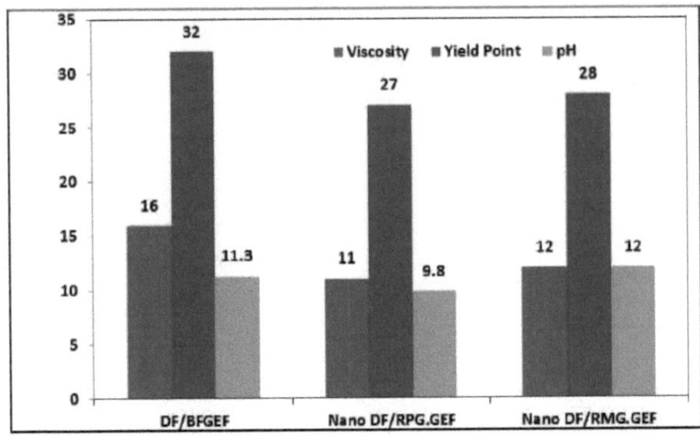

Figura 24. Efeito das dimensões dos MWCNT nas propriedades reológicas da WBM

4.1.7 Papel dos MWCNT no envelhecimento do WBM

Na tabela 11, são apresentadas as propriedades reológicas de algumas amostras após 16 horas de envelhecimento. Nesta parte, é analisado o papel do envelhecimento nas propriedades reológicas das balas de madeira. Para este efeito, as propriedades reológicas foram medidas imediatamente após a preparação da amostra e uma vez após 16 horas. É muito importante que as propriedades reológicas da amostra de WBM não se alterem ao longo do tempo e sejam estáveis. Se as propriedades da lama forem afectadas excessivamente ao longo do tempo, isso causará enormes perdas nas indústrias de perfuração. Para este efeito, os fluidos de perfuração devem ter a máxima estabilidade durante as operações de perfuração.

Tabela 11. Propriedades reológicas após 16 horas de envelhecimento

NO.	Sample (age)	PV (cp)	YP $(\frac{lb}{100ft^2})$	pH	FL (cc)	CT (mm)	Θ600	Θ300	Θ200	Θ100	Θ6	Θ3
1	DF/BFBF	14	28	9.6	-	-	56	42	36	28	15	13
2	DF/BF1B	11	19	9.6	-	-	41	30	25	19	8	6
3	DF/BFGEF	15	34	13.2	-	-	64	49	43	35	17	14
4	Nano DF/RPGF	12	13	11.4	-	-	54	42	36	29	14	12
5	Nano DF/RPG.GEF	12	26	10.8	-	-	50	38	33	26	13	11
6	Nano DF/ RPGBF	12	31	9.8	6.5	0.84	55	43	37	29	15	13
7	Nano DF/RMG.GEF	13	31	12	7	0.55	57	44	37	33	15	13
8	Nano DF/RAG	12	28	11	-	-	52	40	34	27	13	11
9	Nano DF/RAG.GEF	13	32	10.9	-	-	58	45	38	31	15	13

Na figura 25, é mostrada a viscosidade versus taxa de cisalhamento após 16 horas de envelhecimento.

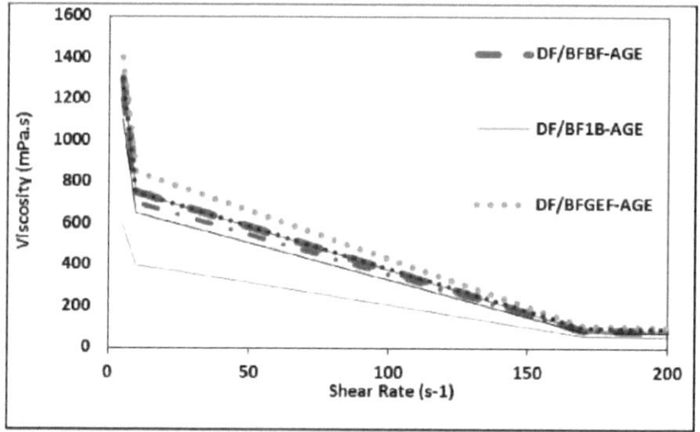

Figura 25. Viscosidade versus taxa de cisalhamento após 16 horas de envelhecimento

Na figura 26, compara-se a viscosidade plástica das amostras de lama após 16 horas de envelhecimento.

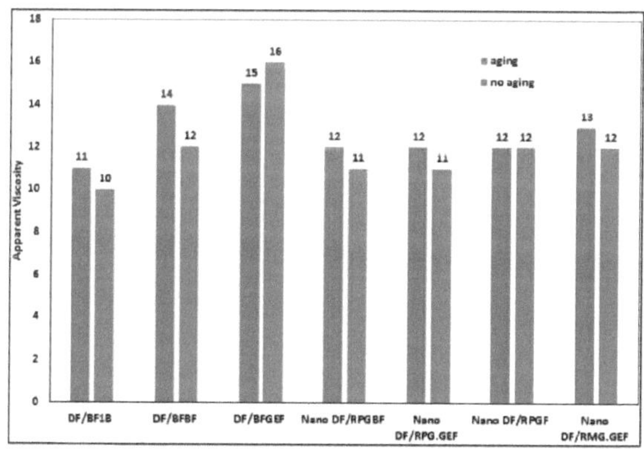

Figura 26. Comparação da viscosidade aparente das amostras de lama após 16 horas de envelhecimento

Na figura 27, compara-se o ponto de cedência das amostras de lama após 16 horas de envelhecimento.

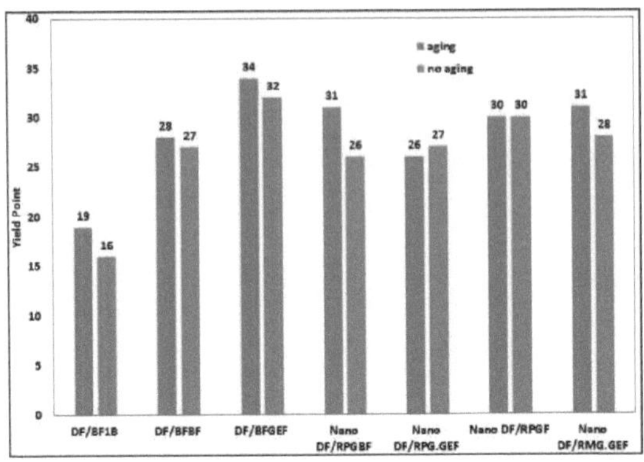

Figura 27. Comparação do ponto de escoamento das amostras de lama após 16 horas

Como se mostra na figura 26 e na figura 27, as propriedades das amostras com MWCNT não se alteraram excessivamente após 16 horas de envelhecimento e a sua viscosidade plástica e ponto de escoamento são quase estáveis. A razão é que os MWCNT podem manter os polímeros contra a degradação, tal como referido por Halali [22].

Pela observação das amostras mostradas na figura 28, parece que as amostras têm uma boa estabilidade após 15 dias.

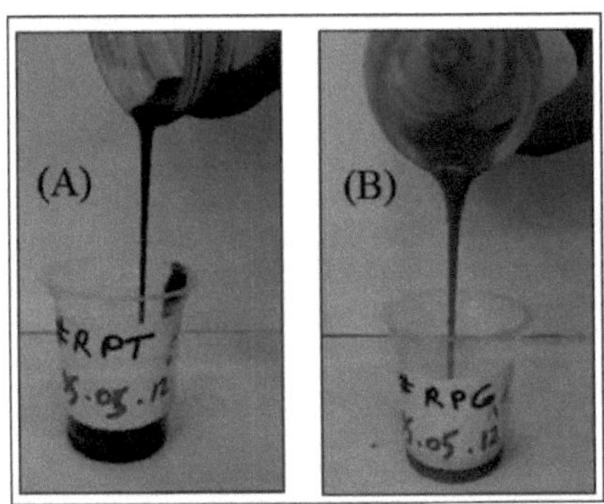

Figura 28. (A) Nano DF/RPT ainda está estável após 15 dias; (B) Nano DF/RPG ainda está estável após 15 dias

De acordo com a tabela 8 e a tabela 11 e comparando ambas as amostras de Nano DF/RPF e Nano DF/RPGBF, observámos que os MWCNT aumentam a espessura do bolo de lama e reduzem a perda de água após 16 horas.

4.2 Resultados do teste de recuperação do xisto

Na figura 29, são apresentadas as quantidades de recuperação de xisto das amostras. Os dados obtidos nos testes de recuperação de xisto estão representados na tabela 12. Como mostra a figura 29, por Nano DF/RPGF e DF/BFGEF, determina-se que o MWCNT em comparação com o PEG reduz a recuperação de xisto.

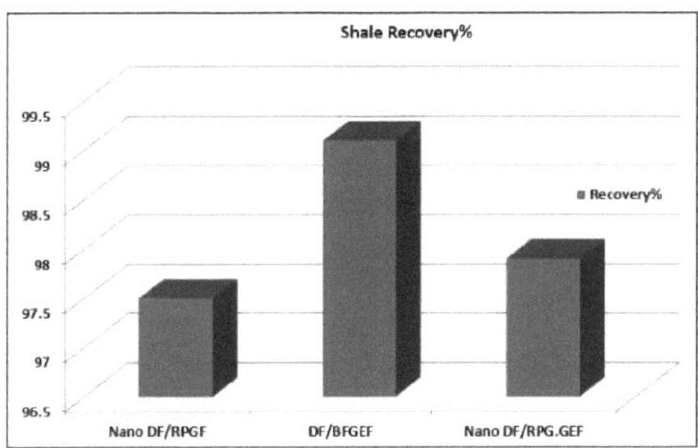

Figura 29. Quantidades de recuperação de xisto das amostras

Tabela 12. Dados obtidos no ensaio de recuperação de xisto

NO.	Sample	Initial mass of shale sample	Final dry mass of shale sample	Shale recovery %
1	Nano DF/RPGF	20	19.5	97.5
2	DF/BFGEF	20	19.82	99.1
3	Nano DF/RPG.GEF	20	19.58	97.9

Quando o PEG é absorvido na superfície do xisto, mantém as partículas de xisto juntas e melhora a recuperação do xisto das amostras. Comparando as amostras de Nano DF/RPG.GEF e DF/BFGEF, verifica-se que a adição de MWCNT reduz a recuperação do xisto devido à absorção de uma certa quantidade de PEG pelos MWCNT. Comparando as amostras de Nano DF/RPGF e Nano DF/RPG.GEF, verifica-se que o PEG na presença de MWCNT pode melhorar a recuperação do xisto, porque o PEG é absorvido na superfície do xisto e torna-o estável.

4.3 Resultados dos ensaios de integridade do xisto

Na figura 30, são apresentadas as amostras de xisto após o ensaio de integridade do xisto. Neste ensaio, o Nano DF/RMG.GEF é utilizado como um WBM. De acordo com a figura 30, pode verificar-se que a pastilha de xisto é esmagada, mas não há dispersão. Os MWCNT impedem a dispersão e a dispersão da amostra de xisto. Claramente, a WBM não consegue manter a amostra de xisto como a OBM. A destruição do xisto pode ser reduzida aumentando a concentração de PEG no WBM.

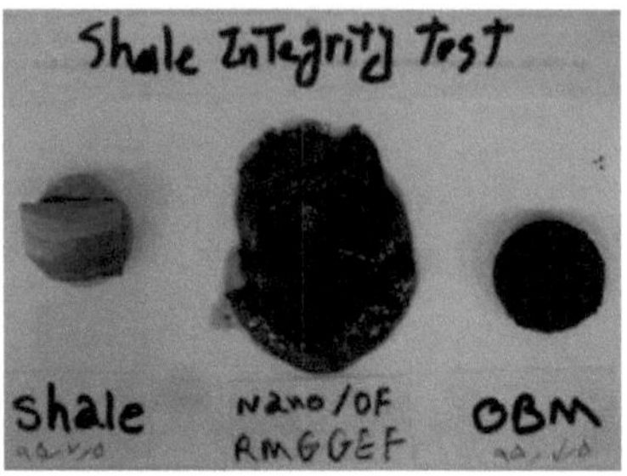

Figura 30. Amostras de xisto após o ensaio de integridade do xisto

De acordo com o artigo SPE28818 e a literatura anterior, para controlar a integridade do xisto, a concentração de PEG deve ser de 3% (peso/volume), por exemplo, 10,5 gr / 350 ml [23], enquanto que, no presente estudo, o PEG é utilizado com uma concentração de 0,2% (0,75 gr / 350 ml) para revelar os efeitos dos MWCNT na estabilidade do xisto.

Conclusão

De acordo com os testes efectuados, os resultados experimentais foram descritos a seguir. O desempenho dos MWCNT na presença de sal (água local) é inferior ao da água destilada. Na presença de MWCNT, ao adicionar bentonite antes do sal, a viscosidade da WBM aumenta. Na presença de MWCNT, a utilização de GA como agente tensioativo diminui a perda de água e aumenta a espessura do bolo de WBM. A adição de MWCNT e PEG isoladamente ou em conjunto tem efeitos diferentes nas propriedades reológicas da WBM. A adição de MWCNT por si só quase melhora as propriedades reológicas da WBM, enquanto a adição de PEG por si só reduz as propriedades reológicas da lama de base. Além disso, a adição de PEG à amostra constituída por MWCNT reduz a viscosidade e o ponto de escoamento da WBM. Além disso, a viscosidade e o ponto de escoamento das amostras que contêm MWCNT e PEG são superiores aos das amostras constituídas apenas por PEG. Ao aumentar o tamanho (diâmetro e comprimento) dos MWCNT, a viscosidade, o pH e o ponto de escoamento da WBM aumentam. Os MWCNT melhoram a integridade do xisto. O PEG melhora a recuperação do xisto na presença de MWCNT. Assim, os MWCNT evitam a desintegração da amostra de xisto.

Agradecimentos

O autor gostaria de agradecer ao Sr. Mohammad Tavana e ao Sr. Kazemzadeh e o apoio do Instituto de Investigação da Indústria Petrolífera do Irão (RIPI) pela realização do presente artigo de investigação.

Referências

1. Steiger, Ronald P., e Peter K. Leung, 1992. Determinação quantitativa das propriedades mecânicas dos xistos. SPE drilling engineering 7.03, 181-185.
2. Van Oort E., Hale A.H., & Mody F.K., 1996. Transport in shales and the design of improved water-based shale drilling fluids. SPEDC, Conferência e Exposição Técnica Anual da APE, Nova Orleães, 25_28.
3. Amanullah, Md, e Ziad Al-Abdullatif. 2014. Fluidos de perfuração, perfuração e completação contendo nanopartículas para uso em aplicações de campos de petróleo e gás e métodos relacionados a eles. Patente dos EUA n.º 8.835.363. 16 Set.
4. Lomba, R., Sharma, M. M., e Chenevert, M., 1996. Aspectos Electroquímicos da Estabilidade do Poço: Transporte Iónico Através de Xistos Confinados. International Journal of Rock Mechanics and Mining Sciences and Geomechanics Abstracts.
5. Joel, O. F., U. J. Durueke, e C. U. N wokoye, 2012. Efeito do KCL nas propriedades reológicas do MUD à base de água contaminada com xisto (WBM). Global Journals Inc. (EUA) 12.1.
6. Bloys, Ben, et al., 1994. Designing and managing drilling fluid. Oilfield Review 6.2.
7. Mody, Fersheed K., et al. 2002. Development of novel membrane efficient water-based drilling fluids through fundamental understanding of osmotic membrane generation in shales. Conferência e Exposição Técnica Anual da SPE. Sociedade de Engenheiros de Petróleo.
8. Van Oort, Eric., 2003. On the physical and chemical stability of shales. Journal of Petroleum Science and Engineering 38.3.
9. Zhixin Yu, et al., 2017. O Potencial da Nanotecnologia na Indústria Petrolífera com Foco nos Fluidos de Perfuração. Pet Petro Chem Eng J.
10. Sensoy, Taner, Martin E. Chenevert e Mukul Mani Sharma, 2009. Minimizando a invasão de água em xistos usando nanopartículas. Conferência e Exposição Técnica Anual da SPE. Sociedade de Engenheiros de Petróleo.
11. Chenevert, Martin E., e Mukul M. Sharma, 2014. Manutenção da estabilidade do xisto através da obstrução dos poros. Patente dos EUA n.º 8,783,352. 22 Jul.
12. Fazelabdolabadi, Babak, Abbas Ali Khodadadi e Mostafa Sedaghatzadeh, 2015. Melhoria das propriedades térmicas e reológicas dos fluidos de perfuração utilizando nanotubos de carbono funcionalizados. Applied Nanoscience 5.6, 651-659.
13. Amanullah, Md, Mohammed K. AlArfaj, e Ziad Abdullrahman Al-abdullatif, 2011. Preliminary test results of nano-based drilling fluids for oil and gas field application (Resultados preliminares dos testes de fluidos de perfuração à base de nano para aplicação em campos de petróleo e gás). Conferência e Exposição de Perfuração SPE/IADC. Sociedade de Engenheiros de Petróleo.
14. Ji, L., Guo, Q., Friedheim, J., Zhang, R., Chenevert, M. e Sharma, M., 2012. Drilling unconventional shales with innovative water based mud - Part 1: Evaluation of Nanoparticles as physical shale inhibitor. AADE-12-FTCE-50, Conferência Técnica de Fluidos da AADE, Houston, 10-11 de abril.
15. Sedaghatzadeh, Mostafa, e Abbasali Khodadadi, 2012. Uma melhoria das propriedades térmicas e reológicas dos fluidos de perfuração à base de água utilizando nanotubos de carbono de paredes múltiplas (MWCNT). Iranian Journal of Oil & Gas Science and Technology 1.1.
16. Passade-Boupat, Nicolas, Cathy Rey e Mathieu Naegel, 2013. Fluido de perfuração contendo

nanotubos de carbono. Patente dos EUA n.º 8.469.118. 25 Jun.

17. Young, Steve, James Friedheim, Arvind D. Patel, James Tour e Dmitry Kosynkin, 2013. Material à base de grafeno para estabilização de xisto e método de utilização. Pedido de Patente dos EUA 13/877,852, 6 de outubro.

18. Amanullah, Md, e Ashraf M. Al-Tahini, 2009. Nano-tecnologia - o seu significado no desenvolvimento de fluidos inteligentes para aplicação em campos de petróleo e gás. Simpósio Técnico da Secção da Arábia Saudita da SPE. Sociedade dos Engenheiros do Petróleo.

19. Quintero, Lirio, Antonio Enrique Cardenas e David E. Clark, 2014. Nanofluidos e métodos de utilização para fluidos de perfuração e completação. Patente dos EUA n.º 8.822.386. 2 set.

20. Amanullah, Md., e Mohammed K. Al-Arfaj., 2015. Composição de fluido de perfuração à base de água com um aditivo de lama multifuncional para reduzir a perda de fluido durante a perfuração. Patente dos EUA n.º 9,006,151. 14 Abr.

21. Ismail, A. R., et al., 2016. A nova abordagem para o aprimoramento das propriedades reológicas de fluidos de perfuração à base de água usando nanotubos de carbono de paredes múltiplas, nanosílica e esferas de vidro. Journal of Petroleum Science and Engineering 139.

22. Halali, Mohamad Amin, et al., 2016. O papel dos nanotubos de carbono na melhoria da estabilidade térmica de fluidos poliméricos: Experimental and Modeling. Pesquisa em Química Industrial e de Engenharia 55.27.

23. Aston, M. S., e G. P. Elliott, 1994. Lamas de perfuração de glicol à base de água: mecanismos de inibição do xisto. Conferência Europeia do Petróleo. Sociedade dos Engenheiros do Petróleo.

Printed by Books on Demand GmbH, Norderstedt / Germany